露天矿深部开采运输系统实践与研究

邵安林 著

北京
冶金工业出版社
2011

内 容 提 要

本书以鞍钢集团矿业公司作为研究基地，总结了目前深凹露天矿运输系统存在的种种不足，并针对目前的难题，对近年来业内所关注的研究方向，即双能源汽车和整车提升进行了深入探讨。在综合了国内外研究成果和鞍钢集团矿业公司多年的实践经验之后，本书作者提出了一个大胆的设想，即轻质气体（氦气、氢气）平台低空运搬系统，利用轻质气体气球提供的巨大升力将矿岩提至空中并进行运输，变矿岩的地面运输为空中运输。

本书可供各大矿山管理人员、技术人员、高等院校相关专业的师生参考。

图书在版编目（CIP）数据

露天矿深部开采运输系统实践与研究/邵安林著．—北京：冶金工业出版社，2011.12

ISBN 978-7-5024-5804-1

Ⅰ.①露…　Ⅱ.①邵…　Ⅲ.①煤矿开采：露天开采—物料输送系统—研究　Ⅳ.①TD824

中国版本图书馆CIP数据核字(2011)第263069号

出 版 人　曹胜利

地　　址　北京北河沿大街嵩祝院北巷39号，邮编100009

电　　话　(010)64027926　电子信箱　yjcbs@cnmip.com.cn

责任编辑　戈　兰　美术编辑　彭子赫　版式设计　孙跃红

责任校对　石　静　责任印制　张祺鑫

ISBN 978-7-5024-5804-1

北京百善印刷厂印刷；冶金工业出版社出版发行；各地新华书店经销

2011年12月第1版，2011年12月第1次印刷

850mm×1168mm　1/32；6.5印张；171千字；194页

25.00元

冶金工业出版社投稿电话：(010)64027932　投稿信箱：tougao@cnmip.com.cn

冶金工业出版社发行部　电话：(010)64044283　传真：(010)64027893

冶金书店　地址：北京东四西大街46号(100010)　电话：(010)65289081(兼传真)

（本书如有印装质量问题，本社发行部负责退换）

序

本书作者长期从事矿山设计、计划、科研和企业管理等工作，凭借深厚的知识底蕴和丰富的一线工作经验发现并解决了矿山开采中的诸多技术难题，是一位难得的兼顾理论与实践的矿业专家。更为可贵的是，他在工作中不墨守成规，而是锐意进取，敢于创新，不断探索矿业发展的新路。如今，精专的业务能力使他具备了创新的扎实基础，鞍钢集团矿业公司这片沃土为他提供了创新的广阔空间。同时，身居鞍钢集团矿业公司总经理，高管的位置也使他能够高屋建瓴，以更加前瞻的视角对矿业发展的未来进行研究。新颖的创意、卓越的能力以及工作的热情三者完美结合，令这本有着创新智慧之作的诞生成为顺理成章之事。

露天运输系统在露天开采中占有举足轻重的地位，随着露天开采往深部发展，常规的露天运输系统暴露出越来越多的问题和弊病。全书以鞍钢集团矿业公司作为研究基地，精准地指出目前深凹露天矿运输系统存在的种种不足：

(1) 运输装备越来越大，运输道路越来越宽，运输道路占用大量土地，基建费用较高。

(2) 所需运输装备数量、购置费用、运输费用、维护费用越来越多。

(3) 使用汽车和火车运输需要消耗大量的能源，环境污染大，二氧化碳排放量大，不利于建设绿色环保矿山。

(4) 皮带运输需对矿石进行破碎，需设置半移动破碎站，使得运输工作变得复杂，同时提高了成本。对于胶带运输系统，通风防尘也是难点之一。

(5) 边帮维护量大，随着采深增加，开采境界越来越大，剥采比也越来越大。

(6) 运输系统内各环节逐渐增加，管理复杂。

(7) 运输设备服务期缩短。

以上难题无疑是深凹露天矿运输系统的顽疾，然而这些难题的解决也绝非易事。

本书对于“轻质气体（氦气、氢气）平台低空运搬系统”的设想与研究恰恰为解决这些难题打开了新的思路。利用轻质气体气球提供的巨大升力将矿岩提至空中并进行运输，变矿岩的地面运输为空中运输。这一设想完全打破了运输系统的固有模式，这一设想若能实现，则可以减少地面设施，节省大量卡车购置、维护费用，缩短运输距离，改变采矿工艺，减少人力投入，减少能源消耗等，为矿业发展带来巨大动力。书中对轻质气体（氦气、氢气）平台低空运搬系统的原理、优势、发展现状等做了详细说明，也使这一系统的最终应用成为可能。

2010 年，国土资源部发布了《全国矿产资源规划（2008～2015 年）》，其中明确提出了发展绿色矿业的要求，并确定了 2020 年基本建立绿色矿山格局的战略目标。本书作者所做的种种研究完全符合规划精神，对于辽宁绿色矿业乃至全国绿色矿业尽快实施起到了重要的推动作用。

正如作者自己所言，希望“轻质气体（氦气、氢气）平台低空运搬系统”的研究能够获得国家的进一步支持，尽快转化为生产力，为国家做出应有的贡献。相信这也是业内有识之士的共同期望。

东北大学 王泳嘉

2011年10月12日

前　言

在露天开采的矿山中，矿岩运输是露天开采中的决定性环节，其基建投资约占总基建费用的40%～60%，运输成本约占矿石总成本的50%以上，因此，运输方式的选择在露天矿建设中占有举足轻重的地位。

目前，鞍钢集团露天矿运输系统所采用的运输方式均为传统的运输方式，而传统的运输方式存在诸多不足，如运输道路占用土地量过多，基建费用较高；所需运输装备数量、购置费用、运输费用、维护费用越来越多；使用汽车和火车运输需要消耗大量的能源，环境污染大，二氧化碳排放量大，不利于建设绿色环保矿山；皮带运输使得运输工作变得复杂，同时提高了成本；边帮维护量大，随着采深增加，开采境界越来越大，剥采比也越来越大等。这些难题所带来的负面影响将随着鞍钢集团矿业公司的不断壮大而越来越凸显，若不能有效解决以上这些问题，鞍钢集团矿业公司的进一步发展将受到极大阻碍。

双能源汽车和整车提升是近年来业内所关注的研究方向。双能源汽车具有节省柴油燃料、增加运量或提高产量、降低柴油发动机维修费用等优点；整车提升则因在生产中可以非常灵活和方便地使用等优点而受到一定的好评，这两种运输方式将在未来的研究中进行尝试和应用。

在综合了国内外研究成果和鞍钢集团矿业公司多年的实践经验后，我们提出了一个大胆的设想，即轻质气体（氦气、氢气）平台低空运搬系统，利用轻质气体气球提供的巨大升力将矿岩提至空中并进行运输，变矿岩的地面运输为空中运输。这一设想完全打破了运输系统的固有模式，更因其可以减少地面设施，节省大量卡车购置、维护费用，缩短运输距离，改变采矿工艺，减少人力投入，减少能源消耗等诸多明显的优点而具有广阔的发展前景。书中对轻质气体（氦气、氢气）平台低空运搬系统的原理、优势、发展现状等做了详细说明，相信这会成为本书的一大亮点。

目前，鞍钢集团矿业公司露天矿新型运输系统项目已经完成了调研、方案设计和论证工作，并有一项专利正在申请当中。新型运输系统如果可以顺利开发并投入生产，将取得巨大的经济和社会效益，成为我国矿业发展的一个重要推动力。因此，希望轻质气体（氦气、氢气）平台低空运搬系统的研究能够获得业内同行的共同关注，更希望能够获得国家的进一步支持，从而尽快转化为生产力，为国家做出应有的贡献。

本书在写作过程中参考了大量文献资料，在此对文献作者一并表示感谢。

由于本人学识所限，书中观点不当之处，敬请业内专家学者批评指正。

作 者

2011 年10月

目　　录

第1章 绪　论

新中国成立以来，我国金属矿采矿规模得到了突飞猛进的发展，至今建成的县级以上国有金属矿山已达900余座，金属矿石年产量增长到4亿吨左右。我国已相继建成矿石年生产能力300万吨以上的金属露天矿18座，其中年生产能力达1000万吨的金属露天矿有德兴铜矿、齐大山铁矿、水厂铁矿等。目前我国露天矿采出的铁矿石占90%，有色金属矿石约占50%。随着采矿规模的扩大，采矿技术也得到迅速发展，特别是近30年来，全面开展了各种现代化采矿工艺和技术的攻关研究，使我国金属矿采矿技术水平迅速提高，有力地促进了金属矿开采的发展，取得了显著的成效[1]。

我国大型铁矿床赋存条件一般为短而深、薄而陡，设计深度一般为300～500m，露天矿境界长为1～2km、宽0.7～1.2km，我国露天铁矿大都采用常规的全境界缓帮开采，台阶高12～15m，穿孔采用ϕ250mm和ϕ310mm牙轮钻机，装载采用4～16.8m^3电铲，运输采用20～154t自卸汽车和80～150t电机车牵引60t气动自翻车，转入深凹开采的露天矿，已改用铁路—汽车联合运输或间断—连续运输。

1.1　露天矿运输工艺现状

在露天开采的矿山中，矿岩运输是露天开采中决定性的环节，其基建投资约占总基建费用的40%～60%，运输成本约占矿石总成本的50%以上，因此，运输方式的选择在露天矿建设中占有举足轻重的地位。多年来，国内外露天矿山对运输工艺系统都进行了卓有成效的研究。这些研究对于我们进一步的探索具有十分重要的借鉴意义。

1.1.1 国外露天矿运输现状

国外金属露天矿山中，有较长开采历史和较大产量的有前苏联、美国、加拿大、智利等国，它们的运输方式随着开采深度的增加而变化。

从露天矿山开拓运输来看，各国都有其自己的特点，这与矿山条件、能源供应情况和各国技术条件是分不开的。但从发展眼光看，它们都是从单一运输向联合运输过渡，对于采深较深的露天矿山，均向同一运输方式即间断—连续运输工艺过渡[2]。

前苏联在很多大型露天矿山开采中，都是采用铁路运输，再加上矿用汽车发展较为缓慢，所以，铁路运输还占有相当重要的地位。在露天矿山由上部转入深部开采时，为避免经济上的损失和生产上的停顿，都在着手尽可能延长铁路的服务年限，推迟运输方式的更迭时间。如列别金露天矿采用50‰纵坡的铁路线；斯托伊连、波尔塔瓦、奥列涅戈尔、科斯托穆克什等露天矿成功地使用50‰～60‰纵坡的铁路线。采用陡坡铁路运输后，铁路运输的深度可达300～350m。萨尔拜露天矿采用铁路斜坡隧道，即由境界外向采场开掘折返隧道，在不扩帮的条件下，使铁路延深深度达320m，铁路设计的深度可达400m。

前苏联在矿山汽车运输方面发展是较缓慢的，只是在露天矿不断延伸，为配合铁路或胶带运输机组成联合运输时，在20

世纪80年代才开始发展汽车运输。

据前苏联设计研究和二十多年的生产实践表明：在开采深水平的条件下，间断—连续运输工艺具有明显的经济效益，矿岩运输费用降低15%～20%，开采成本下降10%～15%，电耗降低25%，主要工序的劳动生产率提高20%～50%。为了进一步改善运输工艺，计划不再采用已有系统的固定破碎设备，而是研制自行式和移动式破碎机组，以缩短汽车的平均运距，并减少其他费用[3]。

美国、加拿大等由于汽车制造业发展较快，燃油也能较好解决。除了早期开采的几个矿山外，基本上在开采初期都采用汽车运输。目前普遍采用150～320t级的矿用汽车，以适应深部开采的需要。随着开采深度的增加，逐渐采用可移式破碎站—胶带运输系统[4]。

汽车运输开拓在露天采矿作业方面具有明显的优势，其主要不足是燃油耗量大及吨公里运输成本高。因此，寻求一种既能保持汽车作业机动灵活性，又能大幅度降低燃油消耗量及运输成本的运输设备，对于露天采矿业的发展甚为重要。

1.1.2 国内露天矿运输现状

我国铁矿石年生产量的45.42%产于国有大型矿山，而大型露天矿开采出的矿石量占大型矿山开采总量的80%以上。在这些矿山中，运输费用占矿石开采成本的50%以上。矿山实际生产规模能否达到设计规模，往往受到运输工艺的影响[5]。因此，运输工艺的选择和运行质量，往往决定着矿山的生存和正常发展。

目前，我国露天矿山存在铁路运输、汽车运输和胶带运输三种主要运输方式平行应用的现象，并在各自发挥其应有的效能[7,8]。除少部分山坡露天矿采用平峒-溜井联合开拓外，由于开采历史和技术发展过程的原因，大部分矿山一开始均采用铁路运输，如20世纪90年代前的鞍钢露天矿山即一直使用铁路运输系统作为主要开拓运输方式。随着山坡露天采矿转为深凹露天采矿，运输高差的增加、采场尺寸的局限、排土标高的上升、运输距离的加大等因素使得铁路运输的适用性降低，从而使较为灵活的汽车运输比重增加，许多矿山在处理山坡扩帮、深部掘沟等问题时采用汽车运输，使汽车—铁路联合运输系统不断得到发展。如鞍钢集团矿业公司的大孤山铁矿、东鞍山铁矿、眼前山铁矿、弓长岭露天矿等都曾采用或正在采用这种开拓运输方式。而胶带运输系统则是在运输高差不断增加，运输功消耗不断增大的条件下出现的。如鞍钢大孤山铁矿胶带运输机系统从采场直接运输矿岩到选矿厂或排土场[6]；东鞍山铁矿胶带运输系统在采场外运输到适当的排土高度下进行排卸，以增加排土场的容积。

铁路运输在露天矿早期生产中所处的主导地位是无可非议的。我国现有大型骨干露天铁矿，原设计采用铁路进入采场的有14座，设计运输矿量为总量的84.3%，具有2亿吨铁路运输能力。但随着这些矿山转入深凹或凹陷开采后，采场作业空间尺寸逐渐缩小，运输条件恶化，重车下坡变为重车上坡，铁路运输在窄短的深凹露天矿受线路纵坡（一般在30‰）限制，之字折返一次按台阶高12m，展线长（包括站场）约1150m，当露天境界长1.5km时，现有的铁路纵坡仅能下降120~150m深，限制了单一铁路运输的继续使用，因此铁路—汽车联合运输便成为新的选择，即以汽车作为新水平准备、端部及开采局部关键地段的短距离运输，以铁路尾随下降，或延伸到某一深部水平时，以汽车上运倒装。

当前，国内露天矿运输的研究重点体现在以下几个方面：

(1) 发挥汽车运输的灵活性。由于汽车运输机动灵活，它已成为当前国内矿山运输中的一个不可或缺的环节。根据我国采用铁—汽联合运输露天矿的实际，以运量、运距、铲斗配套等条件分析，大都采用载重50t级矿用汽车。矿用汽车逐渐向大型化发展，在国内多数露天矿山中，国产汽车已占主导地位。

(2) 充分利用胶带运输机运输的连续性。继十多年前开始应用胶带运输机的东鞍山铁矿和大孤山铁矿之后，最近几年，应用该系统的有齐大山铁矿和水厂铁矿等矿山。其他一些矿山也正在设计中采用胶带运输机。

(3) 联合运输的适应性。深凹露天矿由于受场地限制、爬坡高差大、扩帮和掘沟等问题的影响，没有任何一种现代运输方式，在不与其他运输方式有效配合的情况下，而能够将一个设计采深达500m以上的露天矿一直开采到底。因此，随着开采深度增加，矿岩运距增大，运输效率降低，成本不断增加，势必采用发挥各类运输优点的联合运输方式，做到取长补短，提高运输效率，以适应开采强度和经济效益增长的需求。

在联合运输中，应用最多的为铁路—汽车联合运输，还有汽车或铁路配合胶带运输机提升的联合运输。

以上可见，国内外对铁路运输、汽车运输及联合运输等运输方式已经进行了深入而广泛的研究并取得了一定的成果，但目前已有的深露天矿联合运输方式对于解决矿山运输这一制约矿山生产建设发展的“老大难”问题均不够理想，为此，若要根本解决这一课题，必须开拓新思路，研制和开发出新型的露天矿运输系统。本书即从解决露天矿运输问题出发，提供多种运输系统新思路，以打破陈规，挣脱束缚，突破瓶颈，大步前进，从而令我国矿业走上一个新的高度，亦令我国深凹露天矿开采技术能够引领国际新的潮流。希望通过本书的探讨，能基本形成完整思路，引起业内同行的重视，更希望经过同行的补充和润色，书中理论能够得以顺利运用到实践当中，最终为我国矿业做出实质性的贡献，实现业内同行共同的理想。

1.2 露天矿运输方式

露天矿运输在露天矿开采中具有重要地位。露天矿运输的基本任务，主要是将露天采场采出的矿石运送到选矿厂或贮矿场，将岩石运送到排土场，并将生产作业人员、设备和材料运送到工作地点。完成上述任务的网络构成露天矿运输系统。大中型金属露天矿和非金属矿采用的运输方式主要包括铁路运输、公路运输、胶带运输机运输、联合运输和重力运输等。

1.2.1 铁路运输

铁路运输运输量大，成本低；但允许坡度小，一般只有1.5%以下，最大4% ~5%；曲率半径大，灵活性差；基建速度慢，一次投资量大，适用于地形不复杂、矿体走向长、运距长（超过5 ~6km）、运量大的露天矿和矿山专用线路。铁路运输的牵引设备有牵引机组、电机车、内燃机车和蒸汽机车。我国生产的标准轨电机车有100t和150t两种；窄轨电机车有8t、14t、20t、40t等。窄轨内燃机车有59kW（80hp）、89kW（120hp）、179kW（240hp）等。矿车种类较多，准轨矿车有60t、100t和180t三种，窄轨矿车有1.2 ~2.5m^3、4 ~10m^3、20m^3等。我国用1435mm标准轨距，窄轨轨距主要有900、750、762和600mm等。

露天矿铁路可分为以下三类：

（1）固定线。如地面干线、站线、采场固定帮线路、辅助部门线路及外部联络线路等，一般服务年限大于3年。

（2）半固定线。如采场和废石场移动干线、平台联络线等，服务年限小于3年。

（3）移动线。如工作面采掘线及废石场翻车线，服务年限1年左右。

铁路运输的优点主要有：

（1）可利用任何种类能源和机车类型；

（2）设备和线路坚固可靠；

（3）运行作业易于自动控制；

（4）运输成本低；

（5）对矿岩性质和气候条件的适应性强；

（6）运输能力大。

铁路运输的缺点主要有：

（1）爬坡能力小，曲线半径大；

（2）基建工程量和投资大，建设速度慢；

（3）对地形和矿体赋存条件的适应性差；

（4）线路系统和运输组织工作复杂；

（5）受开采深度限制。

矿山目前拥有的铁路运输系统是一笔相当可观的、具有巨大价值的优良固定资产，而且铁路运输设备坚固耐用，性能可靠，能耗省，运费低廉，运输能力大，清洁环保，其运输成本仅为汽车运输成本的1/10，仅为胶带运输的1/2。因此，提高铁路坡度是我国深凹露天矿山迫切需要解决的重大问题，实现陡坡铁路运输，可以充分发挥铁路运输优势和潜力，提高运输效率，节约能源，降低开采成本，改善矿山生态环境。开展该项目具有极其重要的意义。

总之，铁路运输是我国大型露天矿山从20世纪50年代就普遍采用的一种开拓运输方式。由于其运输能力大，设备坚固耐用、营运费用低廉，生产可靠、受气候影响较小、线路和设备易于维修，加之几十年的生产实践，积累了比较丰富的管理经验，建立了较完整的机列车维护检修基地。然而，随着汽车开拓运输系统和间断—连续系统的推广，铁路开拓运输逐步退出历史舞台。如目前的鞍钢集团矿业公司露天矿中仅有东鞍山铁矿依然在运行中。

1.2.2 公路运输

公路运输的主要设备是汽车，其爬坡能力大，一般为8%，最大达15%。道路曲率半径小，机动灵活，适用于各种条件的露天采场。采用汽车运输的露天矿，投产快，但经营费高，运距不宜过长，一般在2~3km以下。需有良好的道路和完善的维修保养设施，以保证汽车的正常运行。矿山常用自卸汽车的载重量多在20t以上。20世纪60年代发展的电动轮自卸汽车，常用载重量为109~154t（120~170短吨），最大达318t（350短吨）。汽车型号按矿岩运量、装车设备规格和运距等条件选取。车斗和电铲斗容之比，以3~5为宜。

电动轮自卸汽车经20多年实践，已为许多大型露天矿使用，并发展成架线式或双能源式，架线网路常设于固定线路上，利用车顶导电弓从导线网路获取补充电源，供上坡运输时用；在较高架线电压下，可增大牵引和运行速度，载重100t的M-100型架线式电动轮自卸汽车，在8%的坡道上坡运行时，运行速度比不架线的提高约一倍。下坡和平道运行时用汽车自身的柴油发电机供电。电动轮自卸汽车的结构简单，制动可靠，自动调速，牵引性能好，爬坡能力强，操作平稳，维修费用低，技术经济效果较好。

自卸汽车运输优点：

（1）机动灵活，调运方便，特别适合于地形、地质复杂的条件；

（2）爬坡能力强，在高度相同的条件下，可缩短运距，基建工程量小，基建速度快；

（3）运输组织简单，可简化开采工艺，提高采掘效率；

（4）便于采用近距离分散排土场或高段排土场，减少排土场用地和提高排土效率；

（5）道路修筑和养护简单。

自卸汽车（见图 1-1）的缺点（不足）：

（1）吨公里运费高，自卸汽车的维修和保养工作量大；

（2）受气候影响较大，在雨季、大雾和冰雪条件下行车困难；

（3）深凹露天矿采用汽车运输会造成采坑内的空气污染。

图 1-1 矿用自卸汽车（装载能力为 330t）

电动轮自卸汽车的主要优点：

（1）传动系统结构简单可靠，制停准确；

（2）自动调速，运行操作平稳；

（3）设备完好率高，维修工作量小，维修费用低；

（4）牵引性能好，爬坡能力强；

（5）运输效率高，成本低，经济效果好。

目前较大型的矿用汽车包括：德国利勃海尔公司推出的T282型汽车（见图1-2），载重量327t，加拿大公司公司推出Road Train3320型汽车，载重量290t等。大型装载机包括Komatsu公司推出的WA1200-3轮式装载机功率1148kW、斗容16.5～32m^3、机重205.2t，MarathonLe Tournrau公司的L-1800轮式装载机功率1492kW、斗容25.2～34m^{3}等。

图1-2 T282型矿用汽车

加拿大通用公司专门为Sparwood B. C. 露天矿区设计生产公路“巨无霸”Road Train（公路列车空车就有260t，载重量350t，加起来足足600t），见图1-3。

露天矿汽车运输开拓，是以公路建立露天矿工业场区、废

图 1-3 “巨无霸”公路汽车

石场与采矿场各开采水平以及各开采水平之间的矿岩运输通道，以保证露天矿采剥作业的正常进行，并及时准备出新的工作水平。

自 20 世纪 60 年代起，汽车运输在鞍钢露天铁矿中得到广泛的应用。东鞍山铁矿、眼前山铁矿、大孤山铁矿、弓长岭露天铁矿等曾经以铁路运输为主的矿山，在山头处理、新水平准备或扩帮作业时，采用了以汽车为辅助的运输方式。齐大山铁矿南采区 70 年代后期开始全面采用汽车运输方式，主力车型为 T20。20 世纪末，眼前山铁矿开始以汽车运输全面取代铁路运输。大孤山铁矿在 1986 年开始采用间断—连续工艺后，汽车运输比重开始扩大。

1.2.3 胶带运输机运输

胶带输送机运输大大缩短了运距，适宜于高差大而深的露天矿。胶带运输机生产能力大，劳动消耗少，可实现连续运输及全盘自动化。坚硬矿岩大块，需经破碎，达到要求的块度，方能运输。移动破碎机和移动输送机的应用，为该运输方式开辟了新的前景。胶带运输机运输方式按牵引钢丝绳分有单绳提升、双绳提升和无极绳提升。前两种为间断运输，后者为连续运输。胶带运输机按提升容器分有箕斗、罐笼、串车。

根据破碎站的布置形式，露天矿用胶带运输机分为移动式（工作面、废石场用）、半固定式（转载与集载）和固定式（提升用、干线用、选废石用、贮矿场用）胶带运输机。

根据驱动方式的不同，胶带运输机可以分为以下两种类型：

（1）集中驱动胶带运输机。所谓集中驱动，就是将胶带运输机所需的驱动力集中在一个点上或相对地集中在几个点上。常用的集中驱动有单滚轮驱动、双滚轮驱动、头尾多滚轮驱动或中间多滚轮驱动等。根据胶带类型及牵引方式，集中驱动又可分为：集中驱动平型胶带运输机、集中驱动钢绳牵引异型胶带运输机、集中驱动大倾角异型胶带运输机。

（2）多点驱动胶带运输机。所谓多点驱动就是将运输机所需的驱动力较均匀地分配在运输机沿线的若干点上，即用若干个较小的驱动机组取代一个或几个较大的驱动机组。根据驱动方式的不同，多点驱动又可以分为中间胶轮驱动、电机传动中间托辊驱动、多条短胶带直线摩擦驱动等多种驱动方式。

胶带运输机的主要部分——胶带，既是牵引机构又是物料运送机构。胶带的成本为输送机作业成本的50%。在运送软岩和煤炭时，胶带的寿命为2～5年，当运送粒度为400～700mm的磨削性岩块时，其寿命为1～3年。为了提高胶带寿命，运送矿岩的最大块度应小于350～450mm，货流中的细料应不少于30%，以便形成“垫层”。

胶带运输机与其他运输机械比较，具有以下显著优点：

（1）运输能力大。由于实现了连续运输，因而运输能力大。

当带宽2m、带速3m/s时，其运输能力可达1×10^{4}t/h。

(2) 爬坡能力大。普通胶带运输机的倾角可达12°～18°；大倾角胶带运输机的倾角可达40°～60°，从而可以缩短爬坡运输距离，减少运输线路的基建工程量。

(3) 自动化程度高，劳动强度低。由于胶带运输机作业连续，可实现集中控制、自动化作业，操作维修简便，因而可节省大量人力，减轻工人劳动强度。

(4) 能源消耗少，运输成本低。

(5) 劳动条件好，工作安全可靠，噪声低，无粉尘，无废气源，故对周围环境污染小。

胶带运输机自身也存在以下不足之处：

(1) 移送坚硬矿岩时胶带磨损大，且矿岩必须预先粗碎，除增加一定的破碎成本外，破碎机的移设对采场生产也有着一定影响。

(2) 对含水或黏性大的矿岩，易出现粘带或卡带事故，给胶带清扫工作增加困难，且影响胶带的使用寿命。

(3) 投资较大。

(4) 受气候影响较大。

近年来，国内对加大皮带角度进行了深入研究，大倾角输送机是煤炭科学研究总院上海研究院承担的国家“七五”攻关项目。到目前为止，已投入使用60多台。上海研究院进一步分析调研国内矿山带式输送机现状，在研制成功的大倾角上运带式输送机的基础上，进行大倾角上运带式输送机系列化设计，扩大使用范围，以满足不同带宽、不同功率、不同运量、不同运距的需要，改进和研制不同带宽的双排V形深槽托辊组，最大限度地提高导来摩擦因数，从而扩大了输送机输送倾角范围。

1.2.4 联合运输

联合运输是指从露天采场工作面装载点到料流卸载点（破碎站、矿石堆场或废石场）之间有两种以上运输方式。每一种运输方式在技术上和经济上都是可能的和合理的。采用联合运输可降低矿岩运输成本，改善相邻生产工序技术经济指标。但是，要实现联合运输，必须设置转载站，以便把矿岩从一种运输工具转载到另一种运输工具中。根据转载站位置不同，可分为地面、边帮和坑底转载站。在后两种情况下，转载站是半固定的，随采矿工程的降深而定期向下移动。

联合运输系统可划分为三个环节。第一个环节是直接与采装作业联系的部分，就目前各种运输方式而言，汽车应用最广，但其合理运距比较小，若运距增大，则生产能力急剧下降，成本迅速提高。因此，必须设立与汽车运输相衔接的转载站；第二个环节是自转载站到地表的运输，必须克服较大的高差并保证线路所需的通过能力。适用于这一运输环节的运输方式有铁路运输、汽车运输、胶带运输机运输、钢丝绳提升（箕斗、串车等）运输、架空索道运输等方式；第三个环节是地表运输（通往选矿厂或废石场），根据运输远近，可在上述运输方式中选择。

联合运输主要方式包括以下几种。

1.2.4.1 汽车—铁路联合运输

目前，随着矿山工程的逐步延深，单一铁路运输开拓在国内外金属露天矿使用的比例逐渐减少，特别是在深凹露天矿已成为一种不合理的开拓运输方式。对于采用铁路运输开拓的露天矿，转入深部开采时，大多采用汽车—铁路联合运输，即采场上部保持铁路运输系统，采场下部采用汽车运输，中间设置矿岩倒装站。由于采场内运距在汽车合理运距之内，汽车周转速度快、生产效率高，因此，采用汽车—铁路联合运输开拓的经济效益比单一铁路运输开拓可提高13%～16%，挖掘机效率可提高20%～25%，从而提高了综合开采强度。

采用汽车—铁路联合运输开拓时，转载站是中间环节，一般是采用转载平台、矿仓和中间堆场三种方式。选取转载方式应遵循的主要原则是：工艺简单，生产可靠，有利于提高劳动生产率和减轻劳动强度，充分发挥运输设备效率，提高开采经济效益，符合安全环保要求。对于设在露天矿深部的装载站，布局形式要求是装载工作平台宽度不大，布局紧凑，保证受矿、装载和运输车辆的转换时间最短。

汽车—铁路联合运输适用条件：

（1）山坡露天矿的上部，因地形狭短陡峻，铁路展线受限制，或因上部矿体开采时间较短，修建铁路在投资及基建工程、基建时间上均不及时，可用汽车运输处理山头部分；

（2）深凹露天矿深部铁路运输线路受到采场空间限制，不能布置及难以展线时，可用汽车运输；

（3）深凹露天矿采深过大时，矿岩用汽车运到边帮某一高度向铁路车辆转运；

（4）采场内用汽车运输，地表运输较远，改用铁路运输；

（5）为加速深凹露天矿掘沟、扩帮工程，在主要用铁路运输的矿山，新水平准备采用汽车运输方式。

汽车—铁路联合运输优点为：

（1）在采场深部水平使用汽车运输，机动性、灵活性大，能加快掘沟速度，缩短新水平准备时间，加大矿山生产能力，提高挖掘机效率，改善矿石和岩石分采效果；

（2）可以取消采场铁路移动坑线，改善机车运行条件，提高铁路运输能力，免除复杂的移道工作，改善工作组织；

（3）在采场上部采用铁路运输，缩短汽车运距，降低汽车运营费用，提高了汽车运输生产能力和技术经济效果。

总之，汽车运输与铁路运输在露天矿平行使用，可以在不同的地段上把矿岩从工作面送往卸载地点。这两种运输方式充分发挥各自的优点，相互配合，从而构成联合运输方式。鞍钢集团矿业公司大孤山铁矿、东鞍山铁矿、眼前山铁矿、弓长岭露天矿等都曾采用或正在采用这种开拓运输方式。

1.2.4.2 汽车（铁路）—破碎站—胶带运输机联合开拓

胶带运输开拓是近年来发展起来的一种高效率、连续（半连续）运输的开拓方式，并成为大型露天矿开采的一种发展趋势。该开拓方式是借助设在露天采场内或者露天开采境界外的胶带运输机，把矿岩从露天采场运出。采场内主要采用汽车运输，对于原为铁路运输开拓的露天矿，也可以采用铁路向破碎站运送矿石，并逐步向公路—破碎站—胶带运输机运输开拓过渡。

采用胶带运输开拓时，由于爆破后的矿岩块度较大，爆破后的矿石和岩石必须先运送到设置在采场内的破碎站，经破碎后才能由胶带运输机输送。

破碎机的选型应根据露天矿的生产能力、破碎工作的难易以及破碎费用，在综合分析比较的基础上确定。目前，国内露天矿常用的破碎设备有旋回式破碎机和颚式破碎机。旋回式破碎机生产能力大、耗电量和运营费低、使用周期长，但设备初期投资大、机体高大、移设和安装工作较为复杂。相对来说，颚式破碎机机体小、移设和安装工作较为简单，但运营费高。

当生产能力超过1000t/h时，宜采用旋回式破碎机；采剥能力较小时，宜采用颚式破碎机。公路—破碎站—胶带运输机联合运输开拓常用的形式有堑沟开拓和斜井（溜井）开拓。采用堑沟开拓时，破碎站的形式为半固定或移动式；采用斜井（溜井）开拓时，破碎站设为固定或半固定式。

在西方国家大型深凹露天矿多采用汽车—胶带半连续运输方式，这种运输方式既可发挥汽车运输的机动灵活、适应性强、短途运输经济、有利于强化开采的长处，又可发挥胶带运输机运输能力大、爬坡能力强、运营费低的优势，两者联合可取得最佳的经济效益。因此，汽车—胶带半连续运输将是今后一段时间内，我国深凹露天矿运输系统的重点发展方向之一。

汽车—胶带联合运输适用于矿岩运量大、运距长的露天矿，尤其适合于深凹露天矿的深部。具体适用范围为：

(1) 山坡露天矿采场内用汽车运输，地表采用胶带运输。

(2) 深凹露天矿的浅部开采水平（采深60～100m）时，采场内用汽车运输，地表用胶带运输。

(3) 深凹露天矿的深部开采水平（采深超过60～100m）时，采场内用汽车运输，采场上部及地表用胶带运输。

(4) 采场用汽车运输，溜井下口的平硐或斜井用胶带运输。

汽车—胶带半连续运输优点为：

(1) 采场内部运输使用汽车，可适应各种开采条件的要求，运输距离短，汽车生产能力高；

(2) 胶带运输机运量大，可保证露天矿达到较大的生产能力，且不受露天开采深度的影响；

(3) 采用胶带运输后，矿岩的运输距离显著减小；

(4) 运输成本低，劳动生产率高。

汽车—胶带半连续运输缺点为：

（1）在采场内设置的破碎设施，需定期移向深部新的集运水平，使新水平准备工作复杂化；

（2）运输废石时，增加预破碎的费用；

（3）废石排弃多一个转载环节，并需专用排土设备。

目前，汽车—胶带联合运输系统已在国内得到逐步推广应用。大孤山铁矿深部采用汽车—胶带联合运输后，采场内的矿石用汽车运送到西端帮的半固定破碎站，矿石破碎后，经斜井胶带运输机运往选矿厂；岩石用汽车运送到破碎站，岩石破碎后，由东端和上盘的胶带运输机运往排土场排弃。应用汽车—胶带半连续运输工艺的还有齐大山铁矿、水厂铁矿、南芬铁矿等矿山。

汽车—胶带联合运输系统有如下几种布置形式：

（1）破碎转载站设在地表露天采场的边缘。采场内用汽车运输，地表设破碎站和胶带运输机，自卸汽车由采场往破碎站运送矿岩，用胶带运输机从破碎站往选矿厂或排土场运送矿岩。

（2）破碎转载站直接设在露天采矿场的集运水平。在采场集运水平设置半固定式破碎转载站，由工作面到破碎站之间用汽车运输，矿岩破碎后，用胶带运输机运输。一般 3 ~ 4 个水平设一集运水平，半固定破碎站一般 8 ~ 10 年移设一次。

（3）破碎机设在采场底的坑内硐室中。由工作面到破碎硐室顶部的溜井用汽车运输，破碎后沿斜井用胶带运输机运输。

（4）在采场内设置半移动式破碎机。矿岩破碎后，由胶带运输机运至地表。半移动式破碎机的采用，简化了集运水平半固定破碎的复杂环节，缩短了汽车运距（半移动破碎机可半年至两年移设一次，大大缩短了移设周期），更进一步简化了准备工作，使开采程序有较大的灵活性，可提高矿山年产能力，并降低运输成本。

从1978年以来，国家投资1.7亿元在鞍钢集团矿业公司大孤山铁矿建设具有国际先进水平的汽车—胶带联合运输矿岩的系统。到了1985年，完成了一期工程的破碎机室和皮带斜井掘砌及部分设备安装等。二期工程完成后，最终形成汽车—破碎机站—皮带运输机—贮（矿）仓—汽车或移动式排土及排土（矿石运至选矿厂），取代了露天矿深部开采的沟深、坡陡、线长、折返的铁路运输方式。全部工程完成后，五年内使大孤山铁矿的矿石年产能力由300万吨提高到了600万吨。

鞍钢集团矿业公司大孤山铁矿的这套汽车—胶带联合运输矿岩系统是我国建设的第一个间断—连续运输矿岩的系统，它为我国深凹露天矿的开采提供了借鉴，并促进了我国半连续运输工艺的研究及所需设备的研制。

1.2.4.3 汽车（铁路）—箕斗联合运输开拓

该开拓方法以箕斗为主要运输容器，整个开拓系统包括矿岩转载站、箕斗斜坡道、地面卸载站和提升机装置等，采场内部需用汽车或铁路与斜坡箕斗建立起运输联系。矿岩用汽车或其他运输设备运至转载站装入箕斗，提升（对于深凹露天矿）或下放（对于山坡露天矿）至地面卸载点卸载，再装入地面运输设备运至选矿厂或废石场。

箕斗斜坡道开拓时，斜坡沟道的倾角与其所在的位置有关。对于深凹露天矿，箕斗斜坡道设置在最终边帮上，斜坡道的倾角为最终边坡角；而山坡露天矿的斜坡道都是设在采场境界外的端部，斜坡道的倾角与山坡自然地形有关，多为20°~40°。影响斜坡沟道倾角的另一因素是箕斗的结构参数。箕斗是沿坡度较大的轨道上运行的，为保证箕斗提升和下放时不脱轨，要求敷设在沟道中的轨道稳定不下滑，与斜坡道的坡度一致、不起伏。

斜坡沟道位置的选择直接关系到开拓系统的合理性，设计时应遵循以下原则：

(1) 必须保证斜坡沟道所在位置处的岩体稳定，深凹露天矿一般设在非工作帮或境界的端帮上，山坡露天矿宜设在采矿场境界之外。

(2) 应尽量减少斜坡沟道与采场内其他运输线路及关键的交叉点。通常，箕斗沟道穿过非工作帮上的所有台阶，切断了各台阶水平的联系，为建立运输联系和向箕斗装载，需设转载栈桥。

(3) 为减少运营费，选择地面卸载时，应使地面卸载站与选矿厂或废石场之间的矿岩运距最短。

斜坡箕斗开拓方式的主要优点是能以最短的距离克服较大的高差，使运输周期大大缩短；投资少、建设快、运营费低；箕斗系统设备简单，便于检查和维修。其主要缺点是转载站较大，箕斗受到的冲击严重，常因维修频繁而影响生产，这是斜坡箕斗开拓在大型露天矿山中应用不多的根本原因。

1.2.4.4 汽车（铁路）—平硐—溜井联合开拓

该联合开拓方式通过开拓溜井—平硐来建立露天采场与地面之间的运输联系，适用于地形复杂、采场与地面高差大的山坡露天矿。

该开拓方式以溜井与平硐为矿石主要运输通道，矿石由汽车或其他运输设备运至采场内的卸矿平台向溜井中翻卸，在溜井下部通过漏斗装车，经平硐运至卸载地点。在平硐内的运输方式一般为准轨或窄轨铁路。

通常，在采场附近的山坡选择废石场，开拓通达废石场的汽车（或铁路）运输坑线，利用汽车（或铁路）将其从采矿场直接运至废石场排弃。

平硐—溜井开拓系统中，溜井是系统的关键组成部分。合理地确定溜井位置和结构要素，对于防止溜井堵塞和跑矿，保证矿山正常生产，具有重要意义。溜井位置的选择应根据矿床的埋藏地点，以采场和平硐的运输功最小、平硐长度小以及平硐口至选矿厂的距离最短为原则。溜井应布置在稳定性好的岩层中，应避开断层和破碎带，使溜井系统位于地质条件好的地层中。平硐顶板至采场最终底部开采标高应保持最小安全距离，一般不小于 20m。需开拓的溜井数目应根据矿山的年生产能力和溜井的年生产能力来确定。

平硐—溜井开拓方式利用地形高差自重放矿，运输距离缩短，运输设备数量减少，运输设备周转率高，系统运营费低；溜井还具有一定的贮矿能力，可进行生产调节。

1.2.5 重力运输

重力运输即为借助于重力势能的转换来实现矿岩运输的一种作业方式。该作业系统最大特点是大大缩短了运输设备的运行距离，高效节能，运输成本大大降低。

位于地表以上的山坡露天矿利用重力向山脚下放矿岩是可能和合理的[22]。在开采此类矿山时，使用汽车运输有很大弊病，特别是，载重汽车在下坡运行时非常危险，天气恶劣时尤甚，此外，汽车外胎、制动器和发动机组的磨损严重，再加上汽车运输的固有的投资和运营费相当多、修建道路的费用等缺点，所以重力运输方法将越来越多地代替汽车运输。很久以来，人们在日常生活中及不同的生产领域中就利用重力搬运，如各种倒运形式的转运明溜槽、溜槽、管道及各种形式的抛掷、倾倒等。在矿业方面，重力运输的思想最早是在“采矿漏斗”工艺中实现的（图1-4）。

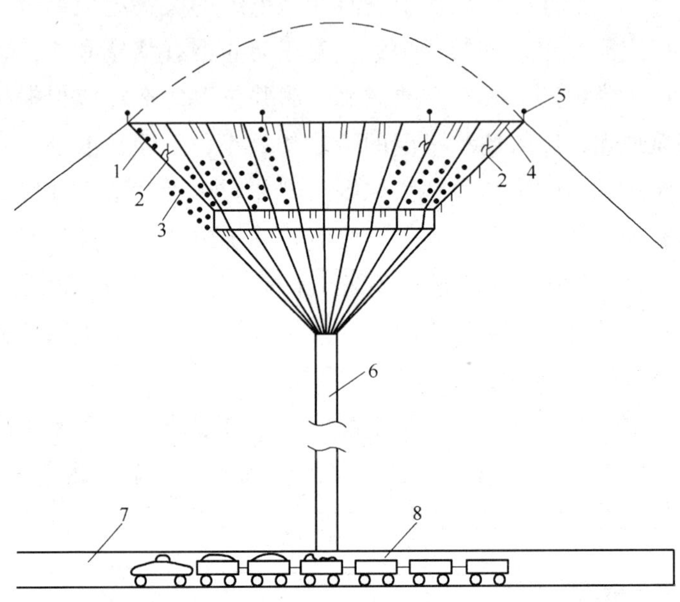

图1-4　采矿漏斗的工艺图

1—露天矿斜坡；2—凿岩工；3—炮孔；4—保安钢索；5—钢锚索；6—放矿溜井；7—平硐；8—铁路

按照这种工艺，往往用扩大了的漏斗式露天矿与放矿溜井和运输平硐配合开采山头。露天矿斜坡同时作为工作平台和放矿通道，其坡度为42°~45°，比矿岩的自然坡度角大3°~5°。斜坡上的凿岩工在保安钢索防护下进行手工凿岩，炮孔深度为2~3m。崩落的矿岩由斜坡落入溜井，并转装到窄轨铁路矿车内运向地表。这种工艺由于存在一定的缺点，实际上应用的不多。但重力运输将沿着与采矿漏斗有关的地表斜坡放矿和地下溜井、平硐两个方向发展。

1.2.5.1　地表斜坡

这一途径开始于“自由回采”工艺。它保留采矿漏斗法的作业带，不用内部漏斗放矿，而用山坡放矿（图 1-5）。矿岩爆破后放到山脚堆集，并由此装入地面运输设备。这种方式可适用任何形状和任何山坡角的“山储”型矿床。在山坡达 42°～45°时，可采用自下而上的回采顺序，这可显著地节约露天矿建设的费用。

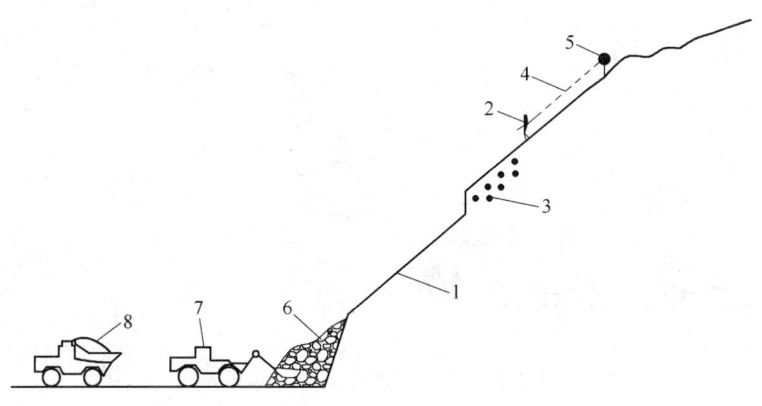

图 1-5　自由回采法工艺图

1—露天矿斜坡；2—凿岩工；3—炮孔；4—保安钢索；5—钢锚索；6—转载矿堆；7—装载机；8—汽车

自由回采工艺在发展中国家得到应用，目前越南的许多石灰石矿就是应用此法。在这些国家中，由于严重的财力不足及有便宜的富余劳动力，不得不采取露天矿建设费用最少和时间最短的工艺方案，这就促使研究特有的方法，尤其是机械化尽量低的开采方法。自由回采仍存在工人在斜坡上作业不安全这一缺点，为消除这点及保留简单和通用性的优点，已研究出一种被称为爆破放矿堆的工艺形式。该种工艺同样要进行矿岩爆破，沿露天矿斜坡自溜，但斜坡不是平滑的，而是阶梯形的，并较陡。阶梯高度不大，等于炮孔深度，为2.5~3m，而预留的护道宽度则在0.5m以内（图1-6）。

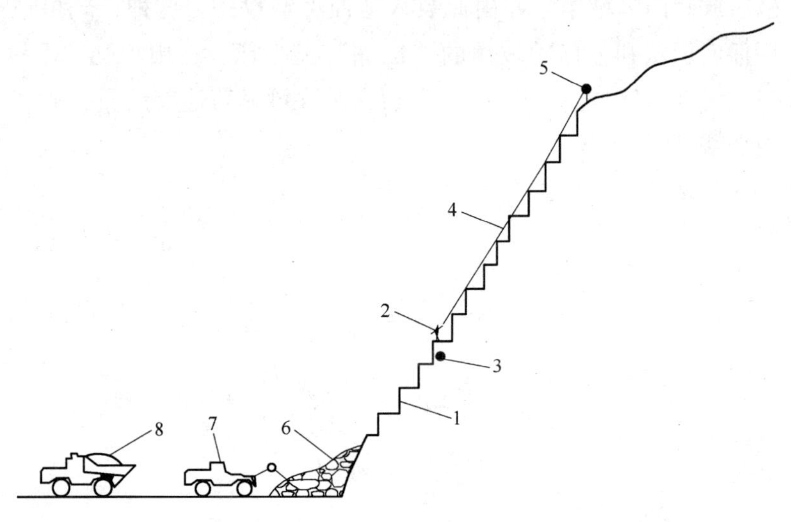

图1-6 高度小的台阶和炮孔装药爆破放矿堆的工艺图

1—露天矿斜坡；2—凿岩工；3—炮孔；4—保安钢索；5—钢锚索；6—转载矿堆；7—装载机；8—汽车

在工作区内用陡分层自上而下进行矿床开采，同时在开采台阶的顶面留下1~1.5m宽的平台，供凿岩工人作业。爆破后的矿岩实际上都落到坡脚，余留在爆破台阶底板上的散块由人工扫落下来。这种方法与前述的相比，凿岩工的劳动条件有些改善，不过还要用锚固在上向边帮外的保安钢索。该种方法实际上比自由回采法用得较为广泛，如在亚美尼亚的叶诺科万大理石矿以及在阿尔及利亚、越南等国的石矿均有应用。但仍然存在由手工凿岩引起的劳动生产率低的现象，从而决定了露天矿的生产能力很少达到每年 $20\times10^4\sim30\times10^4m^3$。为改变这一状况，可采用高效率的钻机代替手工凿岩机或者改为硐室爆破。

硐室爆破法在俄罗斯北奥塞梯的博斯尼亚白云石矿得到应用。但由于掘进爆破巷道繁重和大块相当多，该法仅局限于个别例子，后来没有得到发展。

利用现代化钻孔设备的爆破放矿堆工艺较有前景。为了布置钻机，工作平台的宽度应加宽到 10～12m，为了斜坡放矿，台阶高度要增加到 10～15m。在下一台阶爆破之前，台阶之间还要保留清理干净的宽 4～5m 的护道。具有护道和岩石垫层将降低落下岩块的动能，岩块沿坡脚的散落不超过 30m，也可用建防护堆的方法减少岩石的散落。矿岩爆落从上而下用陡分层进行。大部分爆落的矿堆落到坡脚，余下的用推土机推下边坡（图 1-7a）。选用最佳的穿爆参数和现代化的装药方式，残留在工作平台的碎矿岩量将减少 15%～20%。这种方法由于只能依次地在一个台阶上作业，其生产能力虽比前述几种方法有所提高，但仅能达每年 $50\times10^4\sim100\times10^4m^3$。

如果必须加大产量，则要用露天矿用电铲代替推土机倒运爆破的矿岩，那时作业平台的宽度要加宽到 20～25m（图 1-7b）。这种方式早已在俄罗斯的石膏露天矿应用，还有一些露天矿在设计中已打算应用，如捷克的弗切拉列石灰石矿、俄罗斯的青年石棉矿、安哥拉的基通加铁矿等。按计算，其生产能力可达每年 $200\times10^4\sim300\times10^4m^3$。

爆破机械化放矿堆工艺（推土机优先）在世界上应用广泛。毛里塔尼亚的塞雅拉露天铁矿应用的经验表明，在有用矿石和剥离岩石交替崩矿倒运时，甚至在复杂的矿山地质条件下该工艺也是有效的。在开采不要求爆破松动的岩石时，放矿堆工艺就简单多了。矿岩用推土松动联合机就可堆成矿堆（阿尔及利

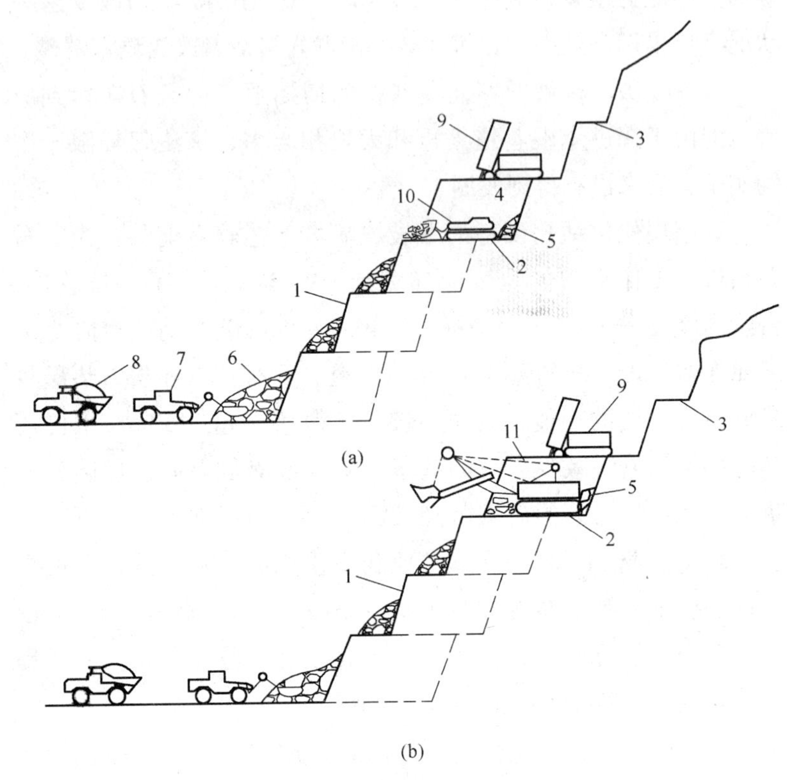

图 1-7　用钻机钻孔和推土机或电铲倒运的爆破放矿堆工艺图

（a）用推土机倒运；（b）用电铲倒运

1—露天矿阶梯形陡边帮；2—工作平台；3—预留护道；4—陡分层开采台阶；

5—爆落矿堆；6—放落矿堆；7—装载机；8—汽车；

9—钻机；10—推土机；11—电铲

亚的梅尔斯-埃利-克比尔黏土矿）或推入输送机线的大容量矿仓（西班牙的马尔克萨多铁矿）。用陡分层法可开采多种多样的矿床。

露天矿阶梯式边帮的爆破机械化放矿堆配置是固有的，

爆破力和重力在运输方面得到最充分的利用，形成从自由回采工艺以来的一个有效的方法。而对于其他一些方法，在整个工艺系统中穿爆环节与倒运分开，倒运将直接利用坡面（多半用坡面的自然凹处）或专门挖掘的陡坡地表巷道（被称为矿岩明溜槽）。而向明溜槽转运矿岩已经不是自溜，而是汽车。这时矿床开采用水平分层法进行（图 1-8）。

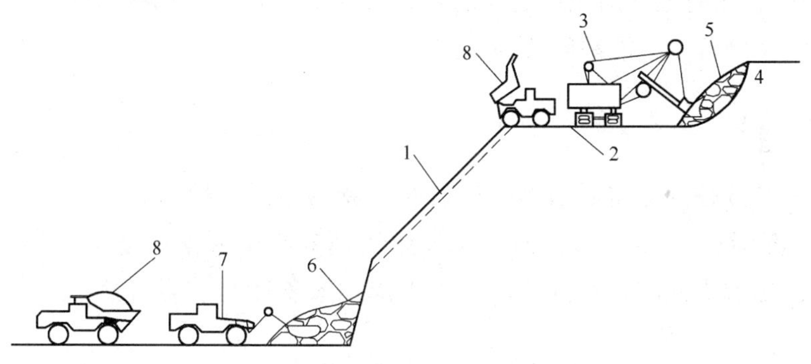

图 1-8　应用明溜槽的工艺图

1—明溜槽；2—工作平台；3—电铲；4—采掘台阶；5—爆破矿堆；6—放落矿堆；7—装载机；8—汽车

在山坡坡度大于矿岩自然溜放角时利用山坡倒运矿岩存在的缺点是岩块飞散，大块尤甚，在坡脚处散落的范围很大。而用明溜槽倒运可以减少飞散，但要增加基建的附加费用。如山坡角与自然溜放角在方向上有偏差时，工程量显著增加，因此就很难达到经济合理。明溜槽的缺点是不易掌握矿岩在溜槽上的倒运移动规律。斯捷尔利塔马克碳酸钠厂的露天矿打算按破碎成型来修建溜槽以便掌握倒运过程和消除岩块下落的动能，但由于建设费昂贵而未得到推广。加拿大的卡西尔石棉矿在 20 世纪 50 年代曾在溜槽中安装陡墙刮板输送机以调节矿岩倒运过程，但由于生产能力低和设备昂贵很快地就被拆除。

沿斜坡面合理地修建通道以便把下放矿岩装入专门的运输设备，如箕斗和架空索道的吊斗中。阿尔及利亚的沙古拉休德铁矿使用的是箕斗，坡度为32°，垂直下放高度为161m；印度尼西亚的埃特斯贝格铜矿用的是通用架空索道，坡度为63°~80°，仅有的一对立柱之间的垂直高差达750m。这两种情况下放产生的再生电能都回馈到电网中去。

1.2.5.2 溜井平硐

该种方法与明溜槽一样，在采场内用汽车把矿岩从掌子面运到溜井（图1-9），但同样要解决消除放落岩块的动能问题。已知解决该问题有三个途径：即应用倾斜度与矿岩自然溜放角

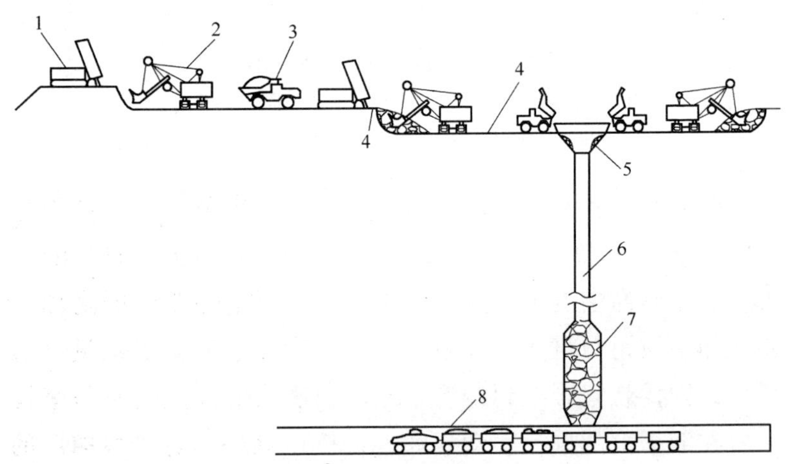

图1-9 应用溜井的工艺图

1—钻机；2—电铲；3—汽车；4—工作平台；5—设有防护方木的溜井口；6—溜井；7—硐室；8—铁路车辆

相近的斜溜井；加大溜井的底部达到矿仓的规格（经常充满）；掘进曲轴形的溜井。第三种方法由于掘进困难、费用高、清理溜井曲节部碎裂表面复杂，因此在实际中没有应用过。第一种方法倾角为42°~45°的斜溜井同样没有推广，其原因是：同垂直溜井比掘进时的增加费用不能从降低井底冲击负荷的受益来抵消，另外，斜井底板的磨损还很严重。

实际上用的是第二种方法，因为消能矿仓既可建于垂直溜井中，也可建于70°~75°陡坡溜井中。其结构各不相同，从极简单地加宽井筒下部（磷灰石生产联合公司中部露天矿）到专门修建的储矿硐室（英国的克里格焦矿、法国的温杰拉图尔矿等）。

在开采“山储”型矿床时，破碎环节有直接安装在露天矿内的趋向，即移动式破碎机靠近溜井入口安装。这就可减少矿岩倒运的动能，降低矿岩悬挂的危险性，以及为在平硐内用输送机运输创造条件。通常，溜井向近山脚运输道出口一侧倾斜，这可减少平硐的长度。

从生态方面考虑，应用溜井也相当重要，它将越来越多地顶替能恶化山景和形成粉尘源的地面运输系统。在发展山地旅游业和硬性要求保护周围环境的一些国家，该因素具有具体的经济含义。

掘进工艺的改进，其中包括应用钻进法有助于更广泛地使用地下开拓巷道。因此，在个别情况下，用一单阶段运输系统（从露天矿到山脚有输送机线路的斜巷）代替两阶段运输系统（溜井平硐）是适宜的，例如，瑞典的杰涅罗佐石灰石矿用这种方法是很成功的。这样，运输线路的长度大大地缩短，重力的再生电能可回馈到电网上利用。大体上应用垂直溜井和斜溜井与平硐中输送机运输相配合是溜井平硐这一方式中的主要形式[22]。

综上所述，现行的传统运输方式铁路运输、汽车运输、联合运输等都存在着显著的优缺点，它们都难以从根本上解决深凹露天矿开采问题。面对这种现实，鞍钢集团矿业公司锐意进取、开拓创新，通过科研立项，投入大量资金，对露天运输系统进行研究和改进，力图形成一套适合自己实际的运输系统。

1.3 露天矿深部开采运输系统实践与研究的意义

截止到2011年9月，我国很多大型露天矿已转入深部开采，典型的如鞍钢集团矿业公司齐大山铁矿，该矿最低工作水平已达-150m，又如大孤山铁矿的最低工作水平达到-294m，完全转入深部开采。露天矿转入深部开采后，暴露出了诸多问题，包括设备维护、能源消耗等，因此鞍钢集团矿业公司通过科研攻关，对常规的露天运输方式进行研究，并研发新型运输方式，力求从根本上解决这些难题。本节首先介绍鞍钢集团矿业公司的发展史，继而提出并研发新型运输方式对于鞍钢集团矿业公司乃至全国矿业发展具有重大意义。

1.3.1 鞍钢集团矿业公司发展史

鞍山地区铁矿的开采和冶炼事业历史悠久，可追溯到秦汉时期。但现代钢铁冶炼事业的发展，开始于20世纪初。1905年日俄战争结束以后，日本帝国主义为了掠夺我国的矿产资源，对鞍山和弓长岭地区进行了非法勘探并攫取了11个矿区的开采权。从1918年至1945年，日本侵略者进行掠夺式的开采，共掠夺鞍山和弓长岭地区的铁矿石3000多万吨。它的乱采滥掘和破坏生产，严重影响了新中国成立后鞍钢矿山生产的发展。

1948 年鞍山解放，鞍钢矿山开始恢复生产（新中国成立前，国民党统治下的鞍山钢铁有限公司存在了 22 个月，矿山根本未开工），1949 年生产铁矿石 13.8 万吨。

在 1953 年至 1957 年期间，鞍钢矿山引进了苏联的设备和技术，扩建了大孤山铁矿和东鞍山铁矿。1957 年，铁矿石产量猛增到 870 万吨。1965 年，铁矿石产量达到 1066 万吨。

1975 年，鞍钢矿山引进了一批大型、高效的采矿设备，大大提高了矿山的生产能力。

鞍钢集团矿业公司目前正在开采的铁矿山共有七座，保有地质储量 543053 万吨，设计境界内储量 69757 万吨，现生产能力 5340 万吨/年。其中，鞍山周边地区已开采矿山五座，分别是大孤山铁矿、眼前山铁矿、齐大山铁矿，东鞍山铁矿和新建的鞍千矿业有限责任公司，保有地质储量 408026 万吨，设计境界内储量 52325 万吨，现生产能力 4420 万吨/年；辽阳弓长岭地区两座，保有地质储量 135027 万吨，设计境界内储量 17432 万吨，现生产能力 920 万吨/年。同时，还有大连石灰石矿、大连石灰石新矿、复州湾黏土矿、瓦房子锰矿、灯塔矿等五座辅料矿山。

随着国内外矿业科技的不断发展，鞍钢矿山开采技术、主体设备装备水平、企业改革和管理工作都得到了大幅度的提升和进步，并取得了令人瞩目的成就。

1.3.2 意义

鞍钢集团矿业公司多年来为我国矿业的发展做出了不可磨灭的贡献，其技术发展轨迹一定程度上便是我国矿业技术发展的缩影。对于公司下属的矿山存在的疑难问题采取的解决方案，也可以应用于全国各地的矿山。以鞍钢集团矿业公司作为研究基地，可以更加集中地解决问题，凭借鞍钢集团矿业公司雄厚的经济实力和技术实力，也使研究过程中所需要的人力物力支持成为可能。因此，以鞍钢集团矿业公司作为研究蓝本，对其现状及未来前景进行深入研究和分析，不仅对其自身有重大意义，更将对我国矿业发展起到深远的推动意义。

第2章 鞍钢集团露天铁矿运输系统实践

铁矿石是钢铁工业的基本原料。鞍山地区及毗邻的辽阳弓长岭地区蕴藏着丰富的铁矿资源。此外，辽宁南部的菱镁矿、白云石矿、石灰石矿、黏土矿以及辽宁西部的锰矿等钢铁冶炼所需要辅助原料的储量也非常丰富，为鞍钢生产和发展提供了可靠的物质基础。

鞍钢所属各铁矿山，主要是太古代沉积变质的含铁石英岩，统称为“鞍山式铁矿”。其特点是，储量大，品位低，选别困难。主要含铁矿物为 Fe_3O_4 的矿石称磁铁矿（亦称灰矿、青矿），主要含铁矿物为 Fe_2O_3 的矿石称赤铁矿（亦称红矿）。全部储量的平均含铁量为 28% ~33%，除少量富矿外均属贫矿。矿石浸染粒度不均匀，大部分在 74μm 以下。鞍钢生产用铁矿石主要产于鞍山和辽阳弓长岭地区的太古代鞍山群地层内，局部地区有富铁矿赋存。

2.1 鞍钢矿业生产现状

鞍钢集团矿业公司下属的大孤山铁矿、齐大山铁矿、眼前山铁矿、弓长岭铁矿、鞍千矿业公司以及东鞍山铁矿经过多年的开采，多数都已进入深凹露天矿开采阶段，研究适用于这些矿山的采矿方法以及运输系统具有重要意义。

2.1.1 露天矿山开采技术

露天开采，顾名思义就是在敞露的空间环境下，采用穿孔、采装和运输等设备把有用矿物从地壳中分离并输送到指定区域的采矿方法。露天开采具有作业空间宽敞，开采强度大、生产效率高、经济效益好以及安全程度高等特点，一般是矿产资源开发的首选方法。目前在鞍钢正在服役的七座铁矿山中仅有一座地下矿山，从数量看露天开采的矿山占 86%；按采出矿石实物量计算，露天开采的比重约占 96%；所以露天矿山一直是鞍钢矿业公司为鞍钢集团提供铁料的重要基地，也是我们重点关注的对象。

鞍山地区铁矿石资源十分丰富，其开采历史可追溯到战国时期，历经秦汉、南北朝、唐、宋、元直到明朝，我们的先人都在这一带从事采矿和冶铁活动，只是到清朝，由于封建统治者惧怕破坏风水，采矿活动才趋于停滞。

1949 年新中国成立后，鞍钢从濒于闭坑的矿山生产为起点，到 1953 年第一个五年计划实施，矿山发展与建设进入快车道，1978 年党的十一届三中全会和改革开放后，鞍钢矿山发展发生了巨大变化，装备水平大幅度提高，采矿方法及生产技术不断改进和提升，生产力得到充分解放，使鞍钢的矿山企业步入先进行列，某些领域居领先水平。

鞍钢矿山的采矿方法随着矿山发展的需要和在生产技术的革新以及新技术的引进、消化、吸收等推动，在不断地变革着和进步着。

2.1.1.1 多台阶平扩延伸采矿法的纵向缓帮开采

这是早期长大型采场、铁路运输开拓露天矿的典型采矿方法，20世纪50年代至60年代，鞍钢各露天铁矿都在使用，无一例外，时至今日仍是一些矿山主要的采矿方法。采用纵向缓帮开采工艺，开拓和回采沿矿体走向（长轴）布置工作线，台阶的采掘进路或采掘带平行于台阶工作线，由于分层平扩、自上而下依次一次靠帮，因此工作帮坡角较缓。这种采剥方法，建设初期剥采比大，建设周期长，尤其是在露天矿进入深凹开采以后，运距增加，生产能力下降，限制了矿山生产的发展。

2.1.1.2 横采横扩陡帮开采工艺

横采横扩陡帮开采工艺，就是采矿生产沿着矿体走向推进，横向边采边剥，采用的工作帮坡角较陡。具体来讲，陡帮开采是指剥岩帮能以较陡的工作帮坡角进行采剥，实质上也是推迟剥离部分岩石，从而获得较大的经济效益。

横采横扩陡帮开采工艺的主要的优点是：可以缩短采准周期；可以调整剥采比；可以推迟暴露非工作帮。这是发挥汽车运输优势的一种好工艺，可以在开采技术条件适合的采区推广应用。

1979年4月，鞍钢弓长岭铁矿首先在独木山采区采用了横采横扩陡帮开采工艺。

采用汽车运输的独木山采区，在没有采用横采横扩陡帮开采工艺之前，从1972年初至1978年6月的6年半时间内，只生产矿石369万吨，平均年产矿石57万吨；平均剥采比高达3.48t/t；剥岩欠账539万吨。

采用横采横扩陡帮开采工艺后，从1979年4月至1980年3月，一年内就采出矿石136万吨，剥离岩石253.5万吨；剥采比降至1.86t/t，还清了剥岩欠账。

2.1.1.3 铁路运输陡帮开采工艺

这是针对鞍钢各矿山采用铁路运输、纵向开采的特点，在现有技术装备的条件下，改革工艺结构参数，合理加大工作帮坡角，实现陡帮开采，以推迟前期剥岩量，节省投资现值，从而获得较大的经济效益。

1982 年 4 月至 1984 年 9 月，大孤山铁矿与马鞍山矿山研究院、鞍钢矿山研究所共同合作完成了“铁路运输陡帮开采的工艺试验”。这个研究项目是针对铁路运输且纵向开采的露天矿山，在现有技术装备条件下，通过改革工艺结构参数，实现陡帮开采，推迟矿山前期剥岩量，早见效益。该项目填补了我国露天开采工艺的一项空白，并于 1985 年 6 月，在冶金部组织的技术鉴定中，获国家科技进步二等奖。

2.1.1.4 竖分条开采工艺

竖分条开采属陡帮开采范畴。1978 年 11 月至 1984 年 12 月，鞍钢矿业研究所和弓矿公司露天铁矿合作完成了组合台阶陡帮开采工艺研究及试验。1994 年 5 月至 1998 年 12 月，眼前山铁矿采用竖分条陡帮开采新工艺，减少外扩剥岩量，取得了良好效果。1998 年 3 月至 1999 年 12 月，鞍钢矿业研究所和大孤山铁矿合作完成了竖分条开采工艺试验。

2.1.1.5 高阶段（台阶）开采工艺

1992 年，“齐大山铁矿 15m 台阶开采技术研究”通过了冶金部组织的技术鉴定。鉴定认为：技术成果达到国内先进水平，并具有较大的推广价值。

2.1.1.6 分区开采

1998 年以来，东鞍山铁矿为解决燃眉之急而执行的“分区开采设计”方案，虽然降低了剥采比（1.61t/t），避开了西部采区"难选矿"部位，缓解了暂时的矛盾，但却给矿山长远生产能力的提高带来了隐患。

眼前山铁矿也在同期实行分期开采，暂停了采场西部剥采比较高部位的采掘，大幅度降低了当期生产剥采比及矿石成本。

2.1.1.7 新水平准备

新水平准备是露天矿开采的重要环节。新水平准备周期取决于开拓运输方式、掘沟工艺等。

鞍钢露天矿曾长期采用平装车独头掘进法。这种方法，占用设备多、效率低、周期长，限制了矿山生产的持续发展。

20 世纪 60 年代中期，大孤山铁矿掘进 41m 沟时，在平装车全段高掘沟方法的基础上，采用了梭式调车的"宽爆窄出"掘沟工艺，使电铲效率提高 28%，掘沟速度提高 45%，达到每月 105m，新水平准备周期缩短为 18 个月，矿山年下降速度达 7. 6m。

70 年代，大孤山铁矿和眼前山铁矿在新水平准备中，采用 45R 牙轮钻机钻孔，280BCL 长臂电铲就地下卧，上装车，与 60t 自翻车相配套，全断面一次成段沟的掘沟新工艺，大大提高了新水平准备的掘沟速度和矿山年下降速度，从而提高了矿山生产能力，取得了明显的经济效果。例如眼前山铁矿，在掘 33m 水平段沟时，采用 280BCL 型上装铲，两侧双线交替入换列车，全断面一次掘沟新工艺，创造了月进尺 242m 和 254m 的全国铁路运输掘沟新纪录，新水平准备周期缩短为 21 个月，年下降速度达到 6. 8m，提前一年达到 250 万吨的设计规模。大孤山铁矿掘 6m 沟时，采用这种掘沟新工艺，掘沟速度比平装车掘沟提高 25% ~30%，达到每月 110m，新水平准备周期缩短为 17 个月，创造了该矿历史最高水平。

80 年代，采用了 45R 和 YZ-35 牙轮钻机、280B 系列电铲、电机车、汽车等，新水平准备的掘沟速度和矿山年下降速度，都有了较大提高。

到了 90 年代以后，随着矿山生产的不断发展，鞍钢矿山引进了大量的新设备。如齐大山铁矿在 45R 和 YZ-35 牙轮钻机的基础上，引进了 295B 系列电铲和 R170、MT3600、EH3500 型电动轮汽车及 EL2、ZG150-1500、ZG80-1500 型电机车等大型矿用设备，进一步加快了掘沟速度，缩短了新水平准备时间周期，提高了矿山生产能力，取得了更加明显的经济效益。

2.1.2　鞍钢露天矿开拓运输工艺实践

2.1.2.1　东鞍山露天运输系统

A　运输工艺历史沿革

1956 年东鞍山铁矿建成投产后，一直采用单一的铁路运输。自 20 世纪 60 年代开始，汽车运输在东鞍山铁矿逐步得到应用，但整个矿山仍然以铁路运输为主，汽车运输只是应用在山头处理、新水平准备或扩帮作业时。

1977 年 6 月至 1981 年，国家投资 2445 万元，在鞍钢东鞍山铁矿建设了我国第一套钢绳牵引的高强度皮带排土系统。整个系统共有两条胶带机，全长 3100m，带宽 1.2m，带速3.15m/s，排土能力为 1500t/h。1983 年第一条胶带机投入试生产，系统能力为 600 万吨/年。有效地缓解了东鞍山铁矿长期以来排土能力不足的老大难问题，每年还降低了排土营运费 200 万元。采场内的岩石需由铁路运至设在 102m 铁路排土站处的固定破碎站进行破碎后，转载给胶带机排弃，由于破碎站距离采场较远，且铁路运距较长，没有完全发挥出破碎胶带系统生产能力大、爬坡能力强、运距短、运费低等优点，该排土系统现已停用。

2008 年，东鞍山铁矿开始进行二期扩建，矿石和岩石的运输均改为破碎胶带系统。目前岩石一期破碎胶带系统已建成投产。

B 运输设备

铁路牵引设备为 80t、100t 和 150t 电机车，铁路运输车辆为 60t 自翻车。

矿山掘沟汽车采用 3307 型自卸汽车（额定载重为 45t）。

矿山采用间断连续工艺以后，汽车运输设备为 TR60 型自卸汽车（额定载重为 55t）。

破碎胶带系统。破碎机为国产的“60-89”型液压旋回粗破机，采用 1.4m 宽胶带机。

C 采用的运输方式

目前，东鞍山铁矿矿石运输以铁路运输为主，汽车运输为辅。铁路运输是我国大型露天矿山从 20 世纪 50 年代就普遍采用的一种开拓运输方式。由于其运输能力大，设备坚固耐用、营运费用低廉，生产可靠、受气候影响较小、线路和设备易于维修，加之几十年的生产实践，积累了比较丰富的管理经验，建立了较完整的机列车维护检修基地，直至 90 年代前一直为鞍钢露天矿山的主要开拓运输方式。随着汽车开拓运输系统和间断—连续系统的推广，铁路开拓运输逐步退出历史舞台。目前仅有东鞍山铁矿依然在运行中。

东鞍山铁矿采场内铁路运输系统由地表 42m 矿山站出线，绕行采场西端帮沿采场下盘而下直至 14m 铁路站场，然后铁路由14m铁路站场出线沿采场下盘之字折返而下，分别经过1m、-12m和-25m直至-38m站场。-12m水平以下的生产干线均由本水平站场出线形成，采出的矿石由电铲直接装载铁路经42m矿山站运至东鞍山烧结厂，采场剥离的岩石由电铲直接装载铁路经14m站运至地表42m矿山站，然后采场西端帮经53m、66m、79m站场直至102m排土站，然后由102m排土站出线分别到月明山铁路排土场和山南铁路排土场。采场内-12m水平以上的矿石由汽车运至设在采场上盘西端53m水平的自动放矿设施，由自动放矿设施将矿石转载给铁路，最终矿石由铁路经42m矿山站运至东鞍山烧结厂。自动放矿设施年运输能力为500万吨。自动放矿设施最终设在最终境界27m水平。矿山进入深部开采后，东鞍山铁矿矿石运输采用间断连续工艺，整个系统分为两期，一期系统建在采场上盘中部-12m水平。二期布置在境界西侧-116m水平。采场各水平采出的矿石运至破碎站，经破碎后转给胶带机由胶带机将矿石输送至东烧厂内新建的两个圆筒矿仓。

岩石运输采用间断连续工艺，整个系统分为两期，一期系统建在采场上盘东端帮79m水平（翻卸平台），目前已建成投产，年破碎能力1400万吨。二期破碎站建在采场境界上盘中部-38m水平。采场剥离的岩石由汽车翻卸至破碎站，破碎站破碎后转给胶带机，由胶带机将岩石送至排土场岩石由排土机排弃。排土方式先采用矩形排土，后采用扇形排土。

D 采用的调度系统及优化

2009年正式引用“GPS智能卡车调度系统”。该系统采用GPS技术结合计算机技术和优化算法，融入露天矿生产调度管理思想，对原料装、运、卸的生产实时数据进行采集、处理、显示、控制与管理。该系统立足于大规模生产的全局进行统筹，立足于生产的实时信息进行最优的实时调度，实现铲、车、矿等资源的最优化配置，从根本上降低生产成本，提高效率，实现总体效益最大。

东鞍山露天矿运输系统如图 2-1 所示。

2.1.2.2　眼前山露天运输系统

A　运输工艺历史沿革

眼前山铁矿是鞍钢重要的铁矿石原料生产基地之一，有着悠久的开采历史。1965 年建成投产后，矿山运输一直采用单一的铁路运输方式，开拓采用下盘固定坑线方式。1986 年矿山公司设计院编制完成了《眼前山铁矿 250 万吨深部开采初步设计》，该设计确定眼前山铁矿运输方式改为汽车—铁路联合运输，其后矿山按设计开始实施汽车—铁路联合运输。1996 年矿山公司设计院编制完成了《眼前山铁矿深部开采初步设计》，该设计对矿山运输方式未进行大的改变，仍然采用汽车—铁路联合运输，但有部分岩石采用汽车直排方式进行排弃。

B　运输设备

眼前山铁矿的铁路牵引设备为 80t、100t 和 150t 电机车，铁路运输车辆为 60t 自翻车。

1986 年运输方式改为汽铁联合运输后，铁路牵引设备和运输设备一直未变，汽车运输设备为 325M 型自卸汽车（额定载重为 77t），以后随着 325M 型自卸汽车的报废，逐渐改为 3307 型自卸汽车（额定载重为 45t），2000 年左右从三峡又引进卡特彼勒公司生产的 777 型自卸汽车（额定载重为 90t）。

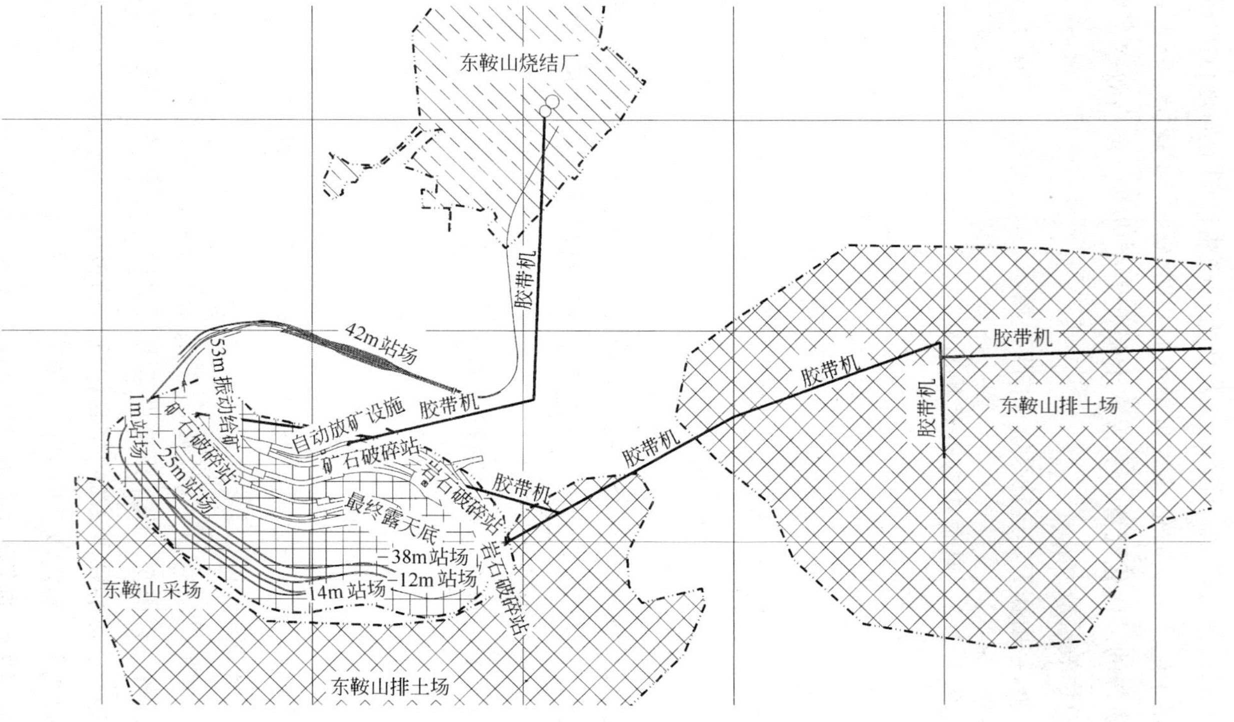

图 2-1 东鞍山露天矿运输系统图

C 采用的运输方式

眼前山铁矿以汽铁联合运输为主，辅之以汽车运输。汽铁联合运输是指汽车运输与铁路运输在露天矿平行使用，它可以在不同的地段上把矿岩从工作面送往卸载地点。这两种运输方式充分发挥各自的优点，相互配合，从而构成联合运输方式。

眼前山铁矿矿山的铁路由85m矿山站出线沿采场上盘绕行东端帮直至采场下盘21m站场，然后由21m站场分别向西、向东各出一条线路，向西出本水平倒装线，向东出至采场上盘-3m振动给矿机的运输线。-3m振动给矿机为矿岩共用，年运输能力为500万吨。

采场采出的矿石由汽车分别运至-3m振动给矿机和21m倒装场转载给铁路，由铁路经85m矿山站运至大孤山球团厂。

采场剥离的岩石由汽车运至-3m振动给矿机，由铁路经85m矿山站运至铁路排土场排弃，另外还有部分岩石由汽车直接运至排土场排弃。

眼前山露天矿运输系统如图2-2所示。

2.1.2.3 大孤山露天运输系统

A 运输工艺历史沿革

大孤山铁矿开采历史始于1916年，1949年恢复生产，1954年扩建以后一直采用单一的铁路运输。自20世纪60年代开始，汽车运输在大孤山铁矿逐步得到应用，但整个矿山仍然以铁路运输为主，汽车运输只是应用在山头处理、新水平准备或扩帮作业。

从1978年以来，国家投资1.7亿元在鞍钢大孤山铁矿建设具

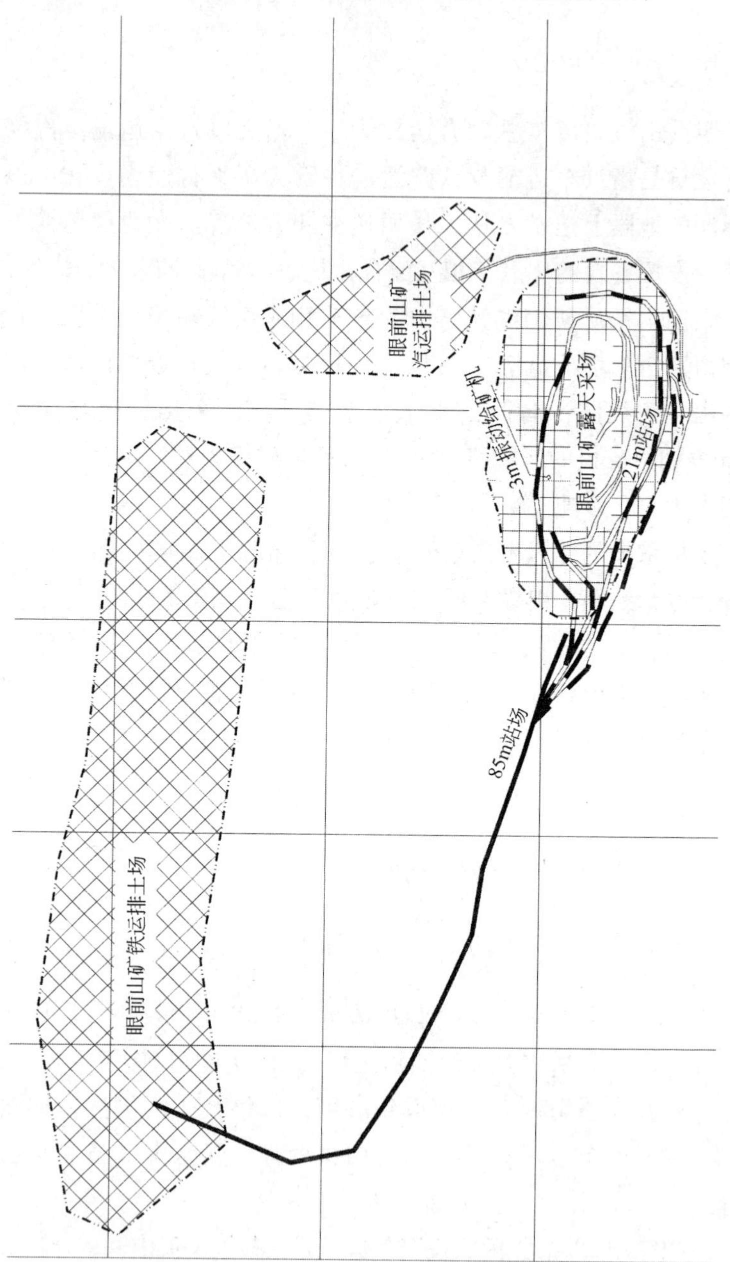

图 2-2 眼前山露天矿运输系统图

有国际先进水平的汽车—胶带联合运输矿岩的系统。1985 年完成了一期工程，到二期工程完成后，最终形成汽车—破碎机站—皮带运输机—贮（矿）仓—汽车（矿石运至选矿厂），后期将贮（矿）仓转载汽车方式改为移动式排土机排土，逐渐取代了露天矿深部开采的铁路运输。汽车—胶带联合系统建成后，使大孤山铁矿的矿石年产能力大幅度提升。这是我国第一套成功应用于黑色金属矿山的间断—连续运输系统，为我国深凹露天矿的开采提供了借鉴，并促进了我国半连续运输工艺的研究及所需设备的研制。

1985 年，大孤山铁矿开始执行“大孤山铁矿深部开采初步设计”，设计确定矿山生产设计规模为采剥总量 2100 万吨/年，矿石 600 万吨/年，开采方法采用间断—半连续工艺。

1987 年，岩石一期工程竣工投入使用。剥离的岩石，在固定破碎站破碎后，经斜井胶带运输到地表贮岩仓，通过汽车运往排岩场。

1992 年，为了提高排岩能力，减少运输中间环节，取消了地表贮岩仓，增设排岩机。

1995 年矿石二期系统建成投产。

1999 年岩石二期系统建成投产。

2003 年矿石三期系统建成投产。

2005 年岩石三期系统建成投产。

2007 年大孤山铁矿引进 GPS 卫星定位智能调度系统，并成功应用于生产运行中；实行东、西两井自动化集中控制改造，两井系统实现了无人值守模拟运行目标。

B　运输设备

铁路牵引设备为 80t、100t 和 150t 电机车，铁路运输车辆为

60t 自翻车。

矿山采用间断—连续工艺以后，汽车运输设备为 DP655B 型自卸汽车（50t）、325M 型自卸汽车（77t）、韶峰-108 型电动轮（108t）。以后随着汽车报废更新，运输设备逐渐改为 3311E 型自卸汽车（85t）、33100B 型自卸汽车（91t）、TR100 型自卸汽车（91t）。

破碎胶带系统。破碎机为国产的“1216”型液压旋回粗破机，矿石系统采用 1.2m 宽胶带机，岩石系统采用 1.2m 宽胶带机。

C 采用的运输方式

大孤山铁矿矿石和岩石运输系统均以破碎胶带系统为主，辅之以汽车和汽铁联合运输。在国内外露天矿，20 世纪 80 年代就广泛使用铁路（汽车）—半固定破碎机—胶带运输机联合运输，或称间断—连续运输。有些矿山发展为电铲—工作面移动破碎机—胶带运输机联合运输，或称连续运输。使用胶带运输机运输，生产能力大、爬坡能力强、可缩短运距、运费低、操作简单、维修方便、自动化程度高、劳动生产率高、可减少生产汽车数量而节约汽油和改善矿山环境等。

矿石运输系统：大孤山铁矿矿石破碎胶带系统已经历三期建设。一期和二期胶带系统在三期胶带运输系统建成后，已经停止使用。矿石三期胶带系统于 2003 年末建成投产，三期破碎站建在采场南帮西侧 -126m 水平，采场采出的矿石经破碎后分别经新 3 号、2 号和 1 号胶带机运至大孤山球团厂。小孤山铁矿开采以后，其矿石由汽车运至露天开采境界外的 42m 倒装场转载给铁路，由铁路将矿石运至大孤山球团厂。

岩石运输系统：大孤山铁矿岩石破碎胶带系统也经历三期

建设。一期和二期胶带系统已停止使用，岩石三期胶带系统于2005年末建成投产，三期破碎站建在采场北帮中部 -126m 水平，采场剥离的岩石经破碎后分别经 A_1、A_2、B_1、B_2、C_1 和 C_2 胶带机运至排土场，最终由排土机排弃。小孤山铁矿开采以后，其上部剥离的岩石由汽车就近直接运至排土场排弃。

D 采用的调度系统及优化

大孤山铁矿于2007年11月正式引用“GPS智能卡车调度系统”。该系统采用GPS技术结合计算机技术和优化算法，融入露天矿生产调度管理思想，对原料装、运、卸的生产实时数据进行采集、处理、显示、控制与管理。该系统立足于大规模生产的全局进行统筹，立足于生产的实时信息进行最优的实时调度，实现铲、车、矿等资源的最优化配置，从根本上降低生产成本，提高效率，实现总体效益最大。

大孤山露天矿运输系统如图2-3所示。

2.1.2.4 齐大山露天运输系统

A 运输工艺历史沿革

齐大山铁矿于1967年开始建设，1970年投产，1975年建成。矿山依地表以上的自然地形条件分为北采区和南采区。北采区采用准轨铁路折返方式开拓，矿石从各开采水平经铁路运至齐选厂70m破碎站，岩石经各折返站运到三块石铁路排土场。南采区采用汽车平硐溜井开拓，矿石由汽车运至位于78m标高的溜井，经溜井平硐后由准轨铁路运到齐选厂，岩石由汽车运到祁家沟和老牛圈汽车排土场排弃。

1993年齐大山铁矿开始扩建后，其运输方式以间断连续

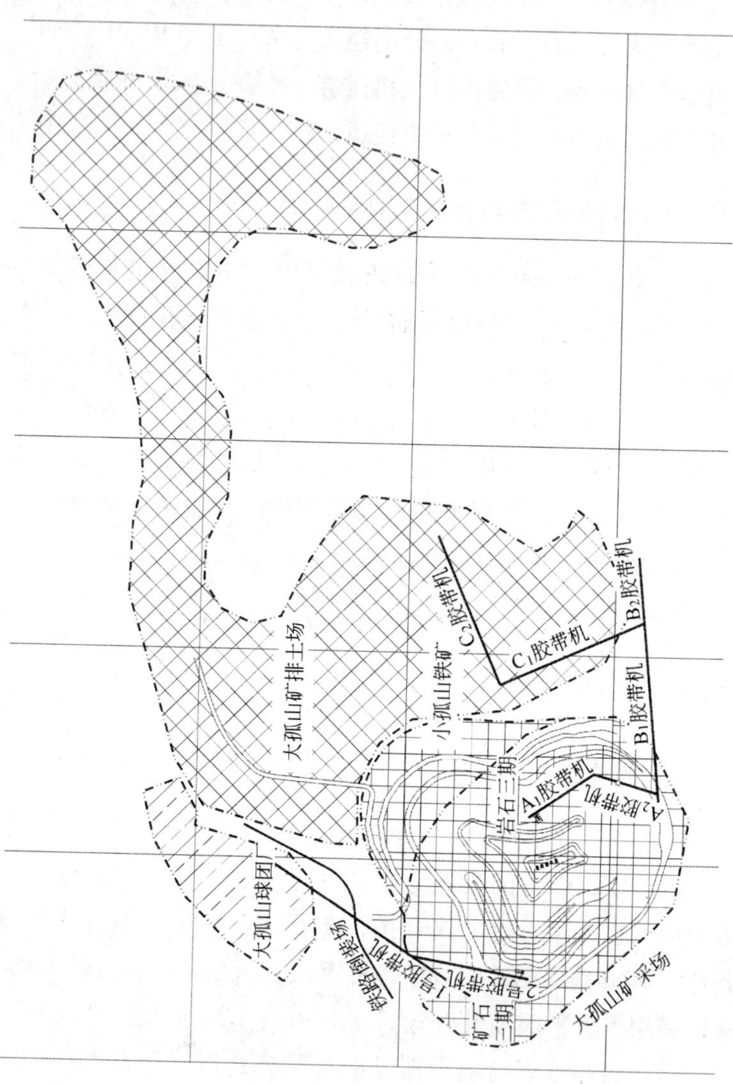

图 2-3 大孤山露天矿运输系统图

工艺为主，辅之以铁路运输、汽车运输及汽铁联合运输。按新建的调军台选矿厂和排土场位置，在露天采场上盘建设一条矿石破碎胶带系统，系统能力为1700万吨/年；在下盘建设一条岩石、矿岩运输破碎胶带系统，系统能力为2550万吨/年。

2007年，矿山在采场北部又新建一套破碎胶带系统，为矿石和岩石共用的多品种物料输送系统，系统能力为1400万吨/年，矿石和岩石输送能力均为700万吨/年。矿石物料直接送至齐选厂，岩石送至原铁路排土场进行排弃。目前该系统已建成投产。

B 运输设备

铁路牵引设备为80t、100t和150t电机车，铁路运输车辆为60t自翻车。

1993年以前，矿山汽车运输设备为DP655B型自卸汽车（50t）、325M型自卸汽车（77t）、韶峰-108型电动轮。

1993年以后，矿山汽车运输设备采用进口C170电动轮（154t）、EH3500电动轮（192t）。

破碎胶带系统。破碎机为德国KRUPP公司60-89半移动粗破机，矿石系统采用1.4m宽胶带机，岩石系统采用1.6m宽胶带机。

C 采用的运输方式

齐大山铁矿运输以破碎胶带运输系统为主，汽车运输和汽铁联合运输为辅。胶带输送机运输大大缩短了运距，适宜于高差大而深的露天矿；生产能力大，劳动消耗少，可实现连续运输及全盘自动化。

矿山有3套破碎胶带运输系统，分别为矿石破碎胶带系统、岩石破碎胶带系统及新建的北部破碎胶带系统。

矿石破碎胶带系统：矿石破碎站建在采场内南采区上盘 -60m水平，采出的矿石经破碎后分别由 5 号、4 号、3 号、2 号和 1 号胶带机输送至调军台选矿厂。系统能力为 1700 万吨/年。

岩石破碎胶带系统：岩石破碎站建在采场中部下盘 -60m 水平，剥离的岩石经破碎后分别由 4 号、3 号、2 号和 1 号胶带机输送至排土场，由排土机进行排弃。系统能力为 2550 万吨/年。

北部破碎胶带系统：破碎站建在采场北端帮 -30m 水平，为矿石和岩石共用的多品种物料输送系统。采场采出的矿石经破碎后分别由 5 号、4 号和 3 号胶带机输送至齐大山选矿厂，剥离的岩石经破碎后分别由 5 号、2 号和 1 号胶带机输送至原铁路排土场，由排土机进行排弃。整个系统能力为 1400 万吨/年，矿石和岩石输送能力各为 700 万吨/年。

汽车运输系统：主要用于剥离采场上部的黄土及弥补岩石破碎胶带系统能力不足的部分，汽车排土场位于采场下盘中部境界外的齐家沟。

汽铁联合运输系统：目前采场已全部取消铁路直运系统，铁路运输仅为倒装。矿山现有南部铁路倒装场和北部铁路倒装场。采场内采出的矿石由汽车运至南部倒装场和北部倒装场转载给铁路，由铁路经 42m 矿山站运至齐大山选矿厂。

齐大山选矿厂所需的矿石均经由南部、北部铁路倒装场运输完成，输出矿石 680 万吨。

D　采用的调度系统及优化

齐大山铁矿于 2007 年 11 月正式引用“GPS 智能卡车调度系统”。该系统采用 GPS 技术结合计算机技术和优化算法，融入露天矿生产调度管理思想，对原料装、运、卸的生产实时数据进行采集、处理、显示、控制与管理。该系统立足于大规模生产的全局进行统筹，立足于生产的实时信息进行最优的实时调度，实现铲、车、矿等资源的最优化配置，从根本上降低生产成本，提高效率，实现总体效益最大。

齐大山露天矿运输系统如图2-4所示。

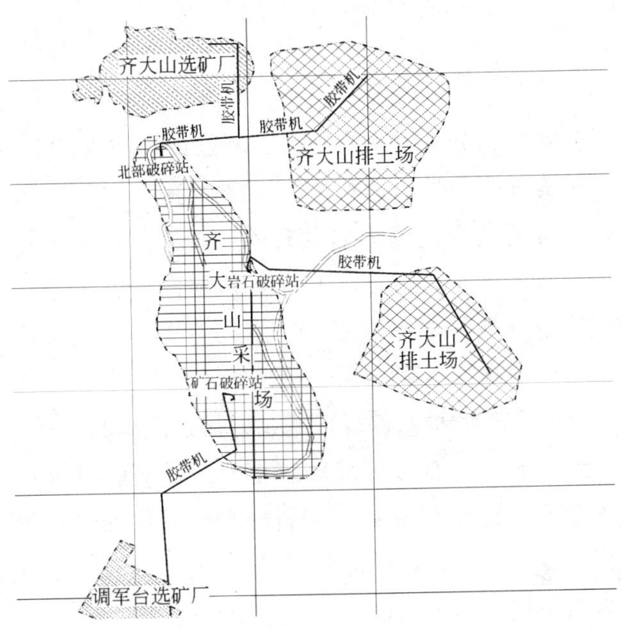

图2-4 齐大山露天矿运输系统图

2.1.2.5 鞍千矿业公司矿系统

A 运输工艺历史沿革

鞍千矿业公司自2005年开始建设至今，其矿石运输系统采用间断连续工艺，岩石运输采用汽车直排方式。

B 运输设备

矿山汽车运输设备为沃尔沃40t铰接式自卸汽车、卡特彼勒777型自卸汽车（额定载重为90t）。

矿石破碎胶带系统：破碎机采用国产“1216”型液压旋回破碎机，采用1.2m胶带机。

C 采用的运输方式

鞍千矿业公司分为许东沟采区、哑巴山和西大背三个采区。主要的运输方式为胶带运输和汽车运输。胶带运输生产能力大，劳动消耗少，可实现连续运输及自动化控制。汽车运输其爬坡能力大，一般为8%，最大达15%。道路曲率半径小，机动灵活，适用于各种条件的露天采场。采用汽车运输的露天矿，投产快，但运营费高，运距不宜过长，一般在2～3km以下。需有良好的道路和完善的维修保养设施，以保证汽车的正常运行。

许东沟采区：矿石采用破碎胶带系统，破碎站设在一期露天采场下盘境界之外84m处，矿石经破碎后由曲线胶带机送至鞍千选矿厂，整个矿石破碎胶带系统能力为700万吨/年。采场剥离的岩石采用汽车直接送至排土场排弃。

哑巴山采区：矿石采用破碎胶带系统，破碎站设在一期露天采场下盘境界之外84m处，矿石经破碎后分别由2号和1号胶带机送至鞍千选矿厂，整个矿石破碎胶带系统能力为800万吨/年。采场剥离的岩石采用汽车直接送至排土场排弃。

西大背采区：采用汽车运输系统。采场采出的矿石由汽车运出采场，送至哑巴山采区矿石破碎站，矿石利用哑巴山采区的破碎胶带系统送至鞍千选矿厂。采场剥离的岩石采用汽车直接送至排土场排弃。

鞍千铁矿运输系统如图 2-5 所示。

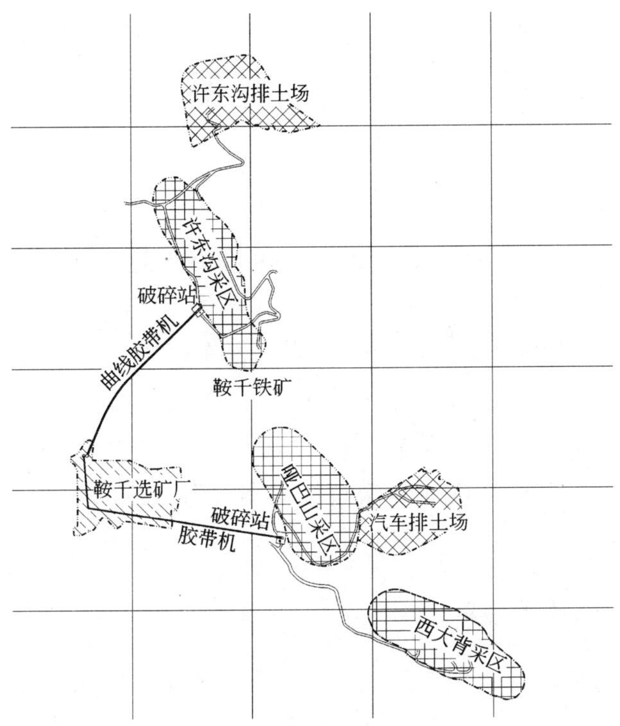

图 2-5 鞍千铁矿运输系统图

2.1.2.6 弓长岭露天运输系统

A 运输工艺历史沿革

弓长岭露天铁矿共有独木、何家和大砬子三个采区。

独木采区从 1958 年开始小露天生产。1983 年鞍钢矿山公司设计院完成了《独木采区扩建 200 万吨规模初步设计》，将运输方式改为汽铁联合运输，其后矿山一直采用汽铁联合运输方式。

何家采区 2004 年开始建设，2008 年达产。矿山运输一直采用汽铁联合运输。

大砬子采区 2005 年开始建设，运输一直采用汽铁联合运输。

B 运输设备

铁路牵引设备为 80t、100t、150t 和 200t 电机车，铁路运输车辆为 60t 自翻车。

汽车运输设备为 DP655B 型自卸汽车（50t）、325M 型自卸汽车（77t）。以后随着汽车报废更新，运输设备逐渐改为 3307 型自卸汽车（85t）、卡特彼勒 777 型自卸汽车（90t）、3311E 型自卸汽车（85t）、33100B 型自卸汽车（91t）、TR100 型自卸汽车（100t）。

C 采用的运输方式

弓长岭露天铁矿有大砬子、独木和何家三个采区。三个采区的矿石运输均采用汽铁联合运输，岩石均采用汽车直排。汽车—铁路联合运输是指采场上部保持铁路运输系统，采场下部采用汽车运输，中间设置矿岩倒装站。由于采场内运距在汽车合理运距之内，汽车周转速度快、生产效率高，因此，采用汽车—铁路联合运输开拓的经济效益比单一铁路运输开拓可提高 13% ~16%，挖掘机效率可提高 20% ~25%，从而提高了综合开采强度。

弓长岭露天铁矿的铁路系统由岭西站出线至岭东 244m 站，然后由 248m 站出线分别至三个采区。

大砬子采区：采场采出的矿石由汽车运至 299m 铁路倒装场，299m 倒装场由 248m 站出线。矿石经倒装场转载至铁路，由铁路将矿石经岭东站、岭西站等直至选矿厂。299m 铁路倒装场倒装能力约 200 万吨/年。岩石采用汽车直排。

独木采区：采场采出的矿石由汽车运至 248m 铁路倒装场，248m 倒装场由 248m 站出线。矿石经倒装场转载至铁路，由铁路将矿石经岭东站、岭西站等直至选矿厂。248m 铁路倒装场倒装能力约 200 万吨/年。岩石采用汽车直排。

何家采区：采场采出的矿石由汽车分别运至 392m、248m 和 212m 铁路倒装场，三个倒装场均由 248m 站出线。矿石经倒装场转载至铁路，由铁路将矿石经岭东站、岭西站等直至选矿厂。岩石采用汽车直排。

弓长岭露天矿运输系统如图 2-6 所示。

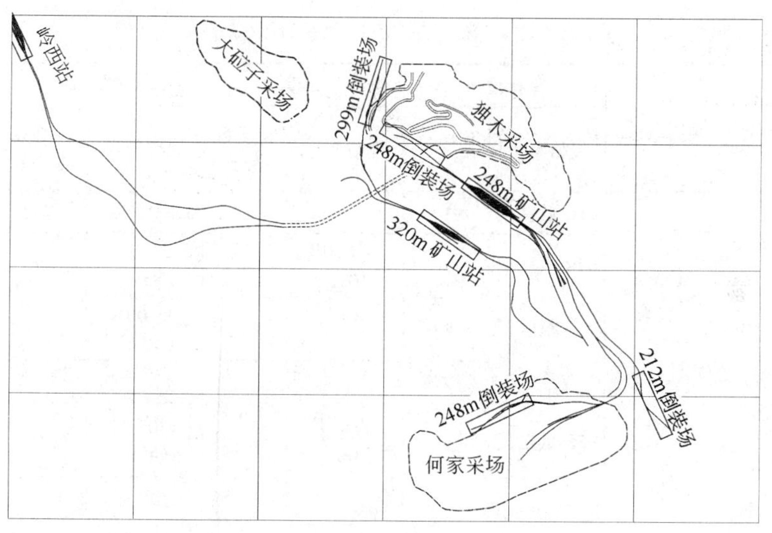

图 2-6 弓长岭露天矿运输系统图

鞍钢矿业露天铁矿山目前采用采矿方法及运输方式见表2-1。采矿主要设备状况见表 2-2，主要技术经济指标见表 2-3。

表 2-1 鞍钢露天铁矿山开拓运输方式表

序号	矿山名称	开拓运输方法	采矿方法	台阶高度/m	台阶坡面角/(°)
1	齐大山铁矿	公路—破碎胶带联合开拓运输	纵、横、陡帮开采	12、13、15	55～65
2	大孤山铁矿				
3	鞍千矿业有限公司				
4	东鞍山铁矿	公路—铁路—破碎胶带联合开拓运输			
5	眼前山铁矿	公路开拓运输			
6	弓长岭露天铁矿				

表 2-2 鞍钢露天铁矿山主要采矿设备一览表

序号	矿山名称	穿孔设备		装载设备		运输设备	
		规格型号	在册数量/台	规格型号	在册数量/台	规格型号	在册数量/台
1	大孤山铁矿	45R 低钻架	1	WK-4($4m^3$)	12	325M(77t)	7
		45R 高钻架	1	WK-10B($10m^3$)	4	3311E(85 t)	17
		YZ-35	1			33100B(100t)	8
		YZ-55	2				
2	东鞍山铁矿	45R 低钻架	4	WK-4($4m^3$)	16	3307 型(45t)	4
		45R 高钻架	1			GBM150-1500(150t)	15
		YZ-35	1			EL-1(150t)	4
						ZG100-1500(100t)	1
						EL-2(100t)	4

续表 2-2

序号	矿山名称	穿孔设备		装载设备		运输设备	
		规格型号	在册数量/台	规格型号	在册数量/台	规格型号	在册数量/台
3	眼前山铁矿	YZ-35	3	WK-4($4m^3$)	9	777C(90t)	15
				WK-10B($10m^3$)	2		
4	弓长岭露天铁矿	YZ-35A	9	WD-400($4m^3$)	9	3307 (45t)	25
		YZ-35D	4	WK-4($4m^3$)	22	7548D(42t)	8
				WK-10B($10m^3$)	2	75483 (42t)	6
						3311E(85t)	4
						33100B(91t)	4
						TR100(100t)	17
						CAT777C	5
5	齐大山铁矿	45R 钻机	6	WK-4($4m^3$)	13	EH3500(190t)	8
		YZ-55 钻机	6	WK-10B($10m^3$)	1	MT-3600(154t)	16
		YZ-35	1	295B($16.8\ m^3$)	8	R-170(154t)	17
		KY-310	1				
6	鞍千公司	YZ-35	6	WD-400B 电铲	6	沃尔沃 A40E	30
		YZ-55	2	WK-400 电铲	8		
		另外有两台 YZ-35 调拨设备未进固定资产		WK-10B 电铲	4		
		合　计	49		116		198

表2-3 2010年鞍钢露天铁矿山综合技术经济指标一览表

序号	指标名称	单位	鞍钢矿业					
			大孤山铁矿	东鞍山铁矿	眼前山铁矿	齐大山铁矿	鞍千矿业公司	弓长岭露天矿
1	矿石产量	万吨	461.3	520.1	149.64	1500.9	1033	724.9
2	回采率	%	99.1	97.2	97.2	99.1	98.9	94.0
3	贫化率	%	2.85	3.03	2.84	4.36	1.96	9.38
4	采矿强度	$t/(m^2 \cdot a)$	1170.61	1926.4	137.26		6658	2134
5	劳动生产率	吨/(人·年)	19551.2	23493	2450	36267	58201.7	44408.8
6	矿石成本	元/吨	101.47	68.91	86.79	65.39	55	100.13
7	剥采比	t/t	3.97	4.01	0.25	2.269	2.041	8.08
8	炸药单耗	千克/万吨	2765.1	2700	2532.7	3182	2947	2008.5
9	柴油单耗	千克/(万吨·公里)	1444.87	1514	1690.75	1216	1085	1893.9
10	轮胎单耗	条/(万吨·公里)	0.09	0.1	0.08	0.03	0.08	0.09
11	标煤单耗	kg/t	0.93	0.64	3.08	0.78	0.454	0.36
12	牙轮钻机综合作业率	%	90.68	93.73	93.41	83.15	87.48	83.58
	250mm效率	米/(台·年)		43150	12127	50102	42976	
	310mm效率	米/(台·年)			93.56	54448		41378
13	电铲综合作业率	%	94.93	90.9	93.56	88.63	89	83.94
	$4m^3$效率	万吨/(台·年)	176.03	159.5	90.971		140	175.1
	$10m^3$效率	万吨/(台·年)	272.8	184.8				327.1
	$16.8m^3$效率	万吨/(台·年)				483.4		142.05

续表 2-3

序号	指标名称	单位	鞍钢矿业					
			大孤山铁矿	东鞍山铁矿	眼前山铁矿	齐大山铁矿	鞍千矿业公司	弓长岭露天矿
14	汽车综合效率	万吨·公里/(台·年)	185.24	59.5	112.1	319.5	107	120.87
	85t 车效率	万吨·公里/(台·年)	160.92		112.1			142.05
	100t 车效率	万吨·公里/(台·年)	218.4					
	154t 车效率	万吨·公里/(台·年)				311		
	190t 车效率	万吨·公里/(台·年)				341		

2.2　露天运输科研新成果

鞍钢集团矿业公司多年来一直非常重视露天运输科学研究，将科研视为推动公司发展的重要方式，力图推陈出新，改革技术。为此，公司投入大量的科研经费和人力资源先后和多所科研院校进行合作，取得了众多成果，为推动我国露天运输工艺做出了重要贡献。

2.2.1　矿山关于运输的科研情况

1987 年 1 月，“延长 80t 电机车检修周期”检修周期由 12 个月延长至 18 个月，每年少检修 3 台，节省 18 万元。

1987 年 4～9 月，“电机车板簧组装”，将报废板簧重新组装，延长使用时间，收益1.8万元。

1987年6~10月，“DP655B汽车发电机改造”，改造进口发电机位置及电器线路等，将报废的进行修复，节省1万元。

1987年1月，“DP655B汽车传动轴改造”，采用国产材质代替，节省1.5万元。

1987年12月，“DP655B汽车发动机缸体补焊”，弓长岭矿将汽车发动机缸体进行补焊，节省2万元。

1988年3~7月，“电动轮修理”，采用H级新工艺，研制多种胎具，可提高检修质量。

1988年4月，“电机车电阻焊接工艺”，减少电阻消耗，效益3.56万元。

1992年3~12月，“33071汽车发动机旁通滤芯盖改进”，解决行车中振动滤芯脱落造成化瓦事故。

1992年1~12月，“33071汽车后桥主减速器197轴承改进”，解决后桥主减速器中心轴承与挡片铆不牢，导致减速器报废的问题。

1993年11月，“东安山铁矿14m以下准轨干线运输由单线双系统改为双线单系统”，解决了单线双系统不能继续延伸的困难。

1995年11月，“采场69m南线改北线”，眼前山铁矿节省35万元。

1995年12月“105m、92m、79m铁路环形”，东鞍山铁矿该项减少汽车运量，降低成本，收益223万元。

1996年12月，“3307矿用汽车差速总成研制”。该产品完全能满足该车使用要求，各项性能指标均达到和超过进口件水平，仅眼前山铁矿使用每年可节约备件费18万元。

1996年12月“3307矿用汽车前悬挂缸研制”。该产品完全能满足该车使用要求，各项性能指标达到进口件水平，每年可节约备件费40万元。

1996年12月，“3307矿用汽车转向泵研制”。该产品满足使用要求，其性能指标达到进口件水平，每台可节约备件费1万元。推广应用可节约备件费20多万元。

1997年4月，“UPK-108电动轮汽车电控柜”在大孤山铁矿推广10台，创经济效益100多万元。

1997年12月，“MT3600和R170型汽车轮向助力缸研制”，为齐大山铁矿研制16套，为公司节省外汇28800美元。

1997年12月，“露天矿铁路运输高度监控决策专家系统”采用该系统全年可增加总量129万吨，多创效益340万元。

1998年11月，“大型柴油汽车节油添加剂试验”，若在矿业公司范围内全面推广该成果，预计年效益561万元。

1998年4月，“大孤山铁矿间断连续运输工艺的研究”，若在大孤山铁矿推广应用该成果，平均每年节省费用1300万元。

1999年3月，“铁路信号PC车站联销集中监控系统研制”预计年效益300万元。

2000年12月，“大矿矿石三期井位工程技术方案的研究”，预计可提前两年建成三期井，效益5000万元。

2004年3月，“1500V直流供电系统状态在线监控仪”效益400万元。

2.2.2　相关科研成果

1985年，“铁路运输的陡帮开采工艺研究”项目，于1985年6月10日通过冶金部组织鉴定。鉴定认为：在大孤山铁矿开展铁路运输、陡帮开采工艺的实验研究，为国内首次实践，可推迟前期剥岩量4300万吨，可获得经济效益5000万元。该项成果填补了我国露天开采工艺的一项空白。

1991 年，由弓矿公司露天铁矿与鞍钢矿业研究所合作完成了“TEREX-3307 矿用汽车举升缸研制”和“TEREX-3307 型矿用汽车鼓式刹车片研制”。这两项产品取代了进口部件，实现了国产化，满足了当时矿用汽车的生产，获鞍钢科技进步成果三等奖。

1992 年，由弓矿公司露天铁矿与沈阳工业大学合作完成了“TEREX-3307 载重汽车电脑研制”项目。该项目的研制成功，实现了车载电脑系统的自主维修，解决了生产难题，获鞍钢科技进步成果三等奖。

1993 年，“弓长岭露天矿铁汽联合运输重型板式给矿机转载方式研究”通过冶金部鉴定。该成果达到国际先进水平。

1994 年，“LCZ-系列矿用汽车轮胎拆装机的研制”通过了冶金部技术鉴定。该设备在使用性能、结构特点、主要技术参数、操作条件及综合力学性能方面都领先于国内同类产品水平，达到了国际先进水平。

1997 年，“矿用汽车扒胎机研制”通过省级鉴定，该设备达到了国际同类先进水平。

1998 年，“大孤山铁矿间断连续工艺的研究”通过冶金部鉴定，该项成果达到了国际先进水平。

1998 年，弓矿公司露天铁矿与中科院沈阳分院联合技术开发中心共同完成了“TEREX-3307 汽车自动计量系统”研究。该成果采用了先进的微电子技术、传感器技术、计算机与 PLC 应用和智能 IC 数据卡应用等技术手段，对生产数据进行处理分析，满足了汽运生产需要。该成果通过了辽宁省科学技术委员会的技术鉴定，达到了国内先进水平，为今后的矿用汽车智能化管理作出了有益的探索和技术积累。

2000 年，弓矿公司露天铁矿针对独木采区生产中存在的问题，开展了“独木采区运输工艺优化研究”。该项目不仅解决了东部区域扩建的矿岩运输问题，减少了汽车运距，而且为以后回收西端帮螺旋运输坑线下的残矿创造了必要条件，获鞍钢技术改进成果二等奖。

2005 年，“JS-4 中型矿用汽车安全监视系统”获得鞍山市科技进步三等奖。

2008 年，“鞍钢大孤山铁矿间断连续开拓运输工艺设计”项目，获国家优秀设计银奖和辽宁省、冶金部优秀设计一等奖。

2.3 鞍矿露天矿运输遇到的问题

鞍钢矿业公司所属部分露天矿山目前已转入深凹露天开采，其中大孤山矿已进入中深部开采（采排高差达 250m）阶段，眼前山矿已由浅深部开采向中深部开采过渡，齐大山铁矿和东鞍山铁矿亦已进入浅深部后期开采阶段。由于开采技术条件和运输环境的不断恶化，近年来矿岩运输成本直线上升，以 1997 年为例，公司铁精矿成本为 305.27 元/吨，其中矿石成本占 58.24%，而运输成本又占矿石成本的 40% ~50%；各种运输设备的完好率、开动率、作业率和生产效率均随采深的增加而大幅度下降。实践证明，沿用现有深露天矿运输方式将继续降低露天开采的生产经营效果，并且工艺难度大，研制和开发新的有效的深露天矿运输工艺、技术和装备已经迫在眉睫，刻不容缓。实际上，由于任何种类的单一运输方式（例如铁路运输和汽车运输）的技术可能和经济合理使用深度只能达到露天矿的浅深部（采深不超过 200 ~250m），所以露天的中深部（采深 250 ~400m）和深部（采深 400m 以上）的开采运输工作一般只能依靠联合运输。

而深露天矿联合运输系统实际是由三个部分组成，即工作面运输、提升运输和地面运输。无论联合运输采用何种组合方式，最关键和最困难的都是提升运输这一环节，问题的核心在于采用现有的运输设备爬坡完成提升运输作业（其中要进行一次或多次转载），或是基建和运营成本过高，或是技术难度过大，实际上形成了矿山生产工艺流程中的“瓶颈”。在露天矿常见的联合运输方法中，一般是用汽车—胶带联合运输或汽车—铁路联合运输完成矿岩的工作面运输和提升运输，并将矿岩从工作面运到地面目的站（破碎厂、排岩场、转载堆场）。在汽车—胶带联合运输系统中，由胶带提升机完成提升运输作业，而普通胶带输送机的爬坡能力（最大达16°~18°）虽比铁路电机车的爬坡能力（最大达40‰）为大，但对采深达几百米的露天矿来说，展线长度也相当大，设备系统布置很困难，受单机长度限制，矿岩要多次转载，并必须经过采场内破碎，破碎站难于及时随采场延深而搬迁，往往使工作面汽车运距过大，运营成本大幅度上升。在汽车—铁路联合运输系统中，由铁路列车完成矿岩提升运输作业，由于电机车爬坡能力远较胶带输送机的爬坡能力低，在相同条件下展线长度更大，布线更困难（特别是短深型露天矿）。此外，为使整个运输系统正常运作，上述两种联合运输系统均需包括转载设施（转载站类型很多，如有堆场式、固定机械式、可移机械式和自行机械式等转载站），不仅转载设备复杂、造价高、投资大，而且建设转载站需要在面积本来就有限的采场内占用相对大的场地，在这种情况下，要保证达到足够采深就需要扩大境界，使剥岩量增加，否则就会使采深减少；转载站很难随采场降深而及时下移，往往使工作面汽车运输距离过大，超过经济合理允许应用范围；因为技术组织因素的影响，转载站的生产停顿很多，例如东鞍山铁矿第一条胶带排岩系统因转载环节造成的系统停产时间，占系统总停产时间的60%以上。汽车—铁路联合运输中转载作业的工况，也与此相似[25]。

通过以上分析，认为鞍钢露天矿运输系统存在的不足有：

（1）为了提高产量，运输装备越来越大，运输道路越来越宽，运输道路占用大量土地，基建费用较高，其中：汽车运输效率较低，需要经过环形道路运至目的地，增加了运输距离，还要留出甩车道等，且随着大型矿用汽车（载重量150～220t）的应用，增加了汽车运输的合理运距，且运输工作受气候影响大。

机车运输中，要求线路坡度小，因而运距较长，且铺设的轨道较为固定，随着开采工作的进行需要不断铺设新的运输线路。

（2）所需运输装备数量、购置费用、运输费用、维护费用越来越多，其中：汽车运输中所需卡车数量多，卡车购置和维护费用较大，运输费用高。带式运输方式中，皮带磨损比较严重。

（3）能源问题，使用汽车和火车运输需要消耗大量的能源，环境污染大，二氧化碳排放量大，不利于建设绿色环保矿山。

（4）皮带运输需对矿石进行破碎，需设置半移动破碎站，使得运输工作变得复杂，同时提高了成本。对于胶带运输系统，通风防尘也是难点之一。

（5）边帮维护量大，随着采深增加，开采境界越来越大，剥采比也越来越大。

（6）运输系统内各环节逐渐增加，管理复杂。

（7）运输设备服务期缩短。

因此，在探讨和开发一种既能保证露天矿达到足够采深、运输效率高而基建投资少、运营费相对低廉的深露天矿联合运输工艺的基础上，拓展思路，研究新型露天运输方式，改变传统的露天运输工艺，已成为人们追求的目标。

2.4 提高露天矿运输效率的途径

目前，我国一大批国有大中型矿山进入晚期开采阶段，其中，部分矿山进入深凹露天矿开采阶段，使矿山的运输费用大幅度提高，极大地影响矿山的经济效益。为此，必须开拓新思路，一方面，深入研究现有的联合运输方式和运输设备；另一方面，研究具有独立知识产权的、确实可行的、能大大降低运输系统成本的系统，彻底改变传统的露天运输方式，具有重大经济意义。

根据国内外露天运输系统研究现状和我们的思索，特建议开展以下方面的研究和探讨，以提高露天矿运输效率。

（1）陡坡铁路。该研究已列入“十五”国家攻关计划，已取得成功，已无技术难点，仅是推广问题。

（2）双能汽车。即汽车采用柴油和电力作为能源，在重要部位采用高压电来供给汽车作为行驶的动力，其他地方采用柴油。国外有相关报道，国内尚无成功的事例，预计技术上无太大难度，但应用上有一定难度，缺乏需求，无厂家生产，因此需在研究和推广两方面同时努力。

（3）优化露天矿卡车调度系统与自动控制规划系统。该系统通过计算机对装、运、卸的全过程进行控制和管理，实时对铲装设备、运输设备、卸车地点、运输线路和物料资源的合理配置，生产效率提高 5% 。国外应用实践表明，如果车辆调度与控制规划系统可以使设备效率及系统产量在原有基础上提高3% ~5%，就足以证明采用车辆调度与控制规划系统是科学而经济的，事实上这种提高幅度为6% ~32%。目前国内有大中型露天矿上百个，大多采用电铲—卡车间断开采工艺，许多矿山企业已经认识到采用车辆调度与控制规划系统是矿山增加经济效益、提高技术水平、实现科学管理的有效途径，因此不同程度地开展了系统应用的筹划工作，由此可见，露天矿山车辆调度与自动控制规划系统的应用前景是十分广阔的。

（4）整车提升。即修建斜坡和相应的设施，采用平台和空车配重，利用大功率卷扬将重车和空车提高和下放到所期望的水平。国外仅有单车提升的相关报道，国内外尚无成功的事例，按现有装备水平，技术上无太大难度，缺乏经济技术比较，应是一种较好的研究课题，目前东北大学机械学院已进行了初步可行性研究[20]。

（5）轻质气体运输平台。轻质气体（氦气、氢气）平台低空运搬系统，即利用轻质气体气球提供的巨大升力将矿岩提至空中并进行运输，变矿岩的地面运输为空中运输，这将取得巨大的经济和社会效益。

第3章 陡坡铁路和双能源汽车

3.1 陡坡铁路的研究

在许多露天矿的下部水平引进运输系统是很困难的，而且需要改造线路布置系统，额外剥离大量废石。同时，在现代露天铁矿较深水平引进铁路运输的进度迟缓，导致汽车运输的运距增长、运输量增加、露天矿矿岩总的运输成本提高。在许多情况下，只有将坡度增大到 60‰，才能有效地解决向露天矿个别区段引进铁路运输的问题。

随着露天采场的降深，由于要建设大量折返进车线，使线路布置系统趋于复杂，这不仅使运输设备，也使采矿设备的生产效率降低。在这种情况下，生产规模的扩大受到运输系统可能达到的生产能力的限制，而增加列车数目一般只能取得暂时效果。为保持露天矿的生产能力、增加铁路运输量并使线路布置系统简化，就要向陡坡过渡，并在露天矿深部水平采用铁路运输。

当大型矿床转入较深水平开采时，用铁路运输直接从工作面运出的矿岩量减少，在这种情况下，用自卸汽车运到转运平台上的矿岩量就会增加，而自卸汽车的数量和规格也要增大。在露天矿较深水平引入铁路运输并布置线路系统的可能性越小，用汽车运输完成的运输量就越大，最终会使露天矿的生产能力受到限制。因此，为将汽车运输的使用限定在合理范围（沿采场深度70～80m）内和降低运输成本，必须增大铁路坑线坡度以便在露天矿深部水平布置线路系统[26]。

3.1.1 陡坡铁路的优点

陡坡铁路的优点有：

（1）能最大限度地利用铁路运输直接从工作面将矿岩运出，可以减少倒运，降低总成本（如俄罗斯的波尔塔瓦矿及北采露天矿，单一铁运量占总运量的65%以上）。

（2）当铁路运输坡度从30‰增大到60‰后可推迟或减少总剥岩量的10%～15%，当铁路坡度达65‰～75‰时可减少总剥岩量15%～25%。

（3）可使铁路运输延伸到距地面350～400m深部，扩大了应用范围，有利加大运量，降低能耗。

（4）过去，缓坡铁路运输中，为了采场降深因受铁路坡度限制，被迫多次应用折返线，这样使铁路布线总长度大增，如今采用陡坡运输后，使采场布线简单，减少折返次数，少设铁路分界点以及为折返而设置的车站数，铁路牵出线、接触网、信号设施等总投资全部可以减少，也加快了基建速度（如前苏联列别金采选公司一条线改为陡坡运输节省总投资200万卢布）。

（5）缩短了运距，使掌子面到选矿距离拉近，缩短了机车运行时间，从而提高了列车周转利用率和运输效率，有利快采、快运，相应也提高了采掘设备利用率，降低总成本（如前苏联列别金铁矿减少运距5km，每挂列车提高生产能力49.2万吨/年，前苏联科尔金露天矿运用陡坡铁路缩短了总运距33%）。

（6）当应用外部堑沟开拓方案时，陡坡比缓坡可使堑沟长度及其基建工程量减少，缩短基建周期及达产时间[27]。

3.1.2 陡坡铁路在国外的使用情况

国外多数矿山的运输系统现正朝着灵活、连续、大型化的方向发展。一般采用大型汽车配合胶带运输系统。前苏联的矿山仍以铁路为主要运输方式，且有所突破，即坡度逐渐加大，已接近公路坡度。俄罗斯列别金露天矿是应用陡坡铁路的成功典范。该矿原设计采用汽车—胶带运输系统，后改为陡坡铁路—汽车联合运输。一期坡度 40‰，铺设 5 股道，运输能力约 5000 万吨/年；二期坡度 50‰，双线，运输能力 2500 万吨/年；三期计划坡度 60‰。现正进行坡度为 80‰的铁路运输系统的研究。

为了克服陡坡铁路运输所面临的一系列问题，其采取的措施主要有：

（1）应用牵引机组。单一的电机车的牵引力无法适应陡坡铁路运输的要求，采用牵引机组后，整个机组由一台黏着重量 120t 的主控电机车与两台黏着重量 124t 的翻斗车组成，小时制牵引力为 734kN，足以满足陡坡铁路运输对牵引力的要求。

（2）采用 10000V 的交流电源或 3000V 的直流电源为机车供电，从而减少电压降。在缓坡铁路运输中，一般采用 1500V 的直流电为机车供电。在陡坡铁路运输中，因使用牵引机组，整个机组的功率配置较缓坡铁路相比增加两倍，在运行中同时工作的电机增多。如果仍采用 1500V 的直流电源，那么会因为压降太大影响牵引机组工作。因此采用 10000V 的交流电源或 3000V 的直流电源。

（3）牵引方式采用重车牵引出坑制。与推送出坑制相比，牵引出坑制的优点主要有：减少电能消耗8%～10%，降低轨枕损耗、车辆出轨次数，减少钢轨与车辆部件的磨损。

(4) 采用磁轨刹车器、差动式刹车器系统确保机车组运行安全。

(5) 用底梁式轨枕排结构来加固钢轨与枕木的连接，防止轨道爬行[28]。

3.1.3 我国陡坡铁路运输工艺研究现状

在我国16个年产矿石300万吨以上的矿山中，有13个采用铁路—汽车联合运输。且大多数矿山已进入深凹露天开采阶段。随着采场重心的下移，铁路运输因其固有的局限性已无法适应生产的需要。但目前矿山效益低下，没有能力改变运输方式。全国现有的320台电机车、3300余辆矿用翻斗车还必须继续使用。因此，充分利用现有设备，延长铁路服务年限是我国陡坡铁路运输研究的出发点。自20世纪90年代以来，我国已有部分专家意识到现有铁路运输系统的局限性，就陡坡铁路在我国应用的可行性以及陡坡铁路运输所面临的电压降低、电机车功率配置、轨道防爬、机车制动及运行安全性等问题进行了专题研究，取得了一定成果。

(1) 电压降低问题的解决。目前，国内矿山普遍采用1500V的直流电源为机车供电，当单回路中仅有一台机车运行时，压降约为20%，电机车能正常工作；当单回路有两台机车同时运行时，压降约为40%，电机车已无法工作。在陡坡铁路运输中，因为是重车上坡，只能采用双机牵引或牵引机组，现有的供电形式已不能满足要求。解决办法有两个：一是采用双回路或多回路供电，使单回路中只有一台机车工作；二是提高电源电压至3000V以上。依据矿山的实际情况，双回路或多回路供电更适合矿山。

（2）功率配置问题的解决。在陡坡铁路运输中，对机车牵引力要求较高。现有的150t电机车的小时制牵引力为210kN，无法满足要求。在研究中，拟采用双机牵引。一方面利用已有的黏重为150t的电机车，另一方面利用新试制成功的黏重200t的电机车。同时增大单位黏重的配置功率，由目前的14kW/t增大至17kW/t。

（3）轨道防爬。解决的具体方法为：加密轨枕，由1760根/公里加密至2000～2200根/公里；在每根枕木间安装防爬器与防爬支撑；钢轨类型由现在的50kg/m更改为70kg/m。

（4）机车制动。在现有的压风制动系统外，增设一套电力、电磁制动系统。

其研究结论为：陡坡铁路运输工艺在我国应用是可行的、迫切需要的，现有的技术条件完全能满足陡坡铁路的要求。这方面的研究以马鞍山矿山研究院的研究成果为代表。他们已在室内就解决陡坡铁路运输所面临的一系列问题的措施进行了模拟，其结论可靠，完全可用于工业试验[28]。

采用陡坡铁路运输，是解决露天矿中深部（采深350～400m）运输问题的一个值得研究的方向。这一点，已为国内大量的科研设计和生产实践所证实[29]。当采场具备最低展线条件，则采用牵引机组陡坡铁路运输可以取得较好的效果。同时运输上的花费，同其他各类联合运输方式相比均具有竞争能力，而其基建投资要比汽车—胶带联合运输成倍降低。

3.2 双能源汽车

汽车运输开拓在露天采矿作业方面具有明显的优势，其主要不足是燃油耗量大及吨公里运输成本高。因此，寻求一种既能保持汽车作业机动灵活性，又能大幅度降低燃油消耗量及运输成本的运输设备，对于露天采矿业的发展甚为重要。

电传动自卸卡车（见图3-1）由于其作业机动性好、周转速度快、爬坡能力强等优点而成为露天矿山的主要运载工具。但是随着矿山坑深的增加，就暴露出了它的一些不足，主要就是受柴油机功率限制、重载上坡速度小（8%坡道、3%滚动阻力时、154t自卸车重载上坡速度约为10km/h，108t自卸车重载上坡速度约为9km/h），影响了生产效率；其次是近年来世界柴油价格大幅上涨，导致每吨运输成本提高；再有就是柴油机的排气会在露天矿深坑内造成严重空气污染等。而电传动自卸车通过使用架线辅助供电运行，上面这些问题就能解决。

图3-1 电传动自卸卡车示意图

“架线辅助供电”是电传动矿用卡车一种双动力解决方案，通常采用高架线的方式对其提供外部电能的输入，是一种利用电能与原有柴油发动机交替驱动汽车电动轮运转的双能源汽车。从而使其启动力矩更大、沿坡道出矿井的速度加快，缩短运输时间，提高生产率，减少柴油消耗，降低设备维护费用，减少排放造成的空气污染等，从而降低生产成本。美国的尤尼特-瑞格、通用电气等公司在发展这种技术中居于领先地位。至今，全世界已有 30 多个矿山使用架线双能源汽车技术，并取得收益。

3.2.1　双能源汽车的特点

根据采用了柴油—架线运输汽车系统的几个南非矿山生产情况，双能源汽车运输能获得较高的生产效率所依靠的是重载爬坡过程中汽车较高的运行速度。国外的一些研究结果表明：在 10% 的坡度上运行时架线辅助运输系统比普通电动轮汽车快 80%。双能源汽车和普通电动轮汽车在生产过程中的静定时间（包括会让时间、装载时间、卸载时间、待装时间）相同均为 6min。

架线双能源汽车的优点有：

（1）节省柴油燃料。在多数应用汽车运输的露天矿中，运输汽车的耗油量超过露天矿总耗油量的 50%，汽车使用架线电力装置后，燃油消耗量显著下降，同时改善了汽车的性能。架线汽车做电车运行时，柴油机仍高速运转，驱动风机冷却电动轮和其他辅助设备。

（2）增加运量或提高产量。大多数运输汽车在上坡时，其特性受发动机功率的限制，致使速度较低。架线汽车引入电能后，可达到较高的速度，并能在电动轮电机承受的发热条件下克服大坡道，从而缩短运行周期，提高产量。

（3）降低柴油发动机维修费用。由于架线地段汽车的柴油机输出功率较小，柴油机以较低负荷实现工作循环，减少柴油机小时维修费用和缩短维修时间。

架线双能源汽车的缺点为：

（1）需维修新增的附加设备。由于架线汽车附加配电设备和车内电气装备，矿山需增加电气方面的维修。此外，小时循环次数增多，也会增加汽车的维修量。但生产率提高将抵消部分费用，从而降低单位维修费用。

（2）铺设架线运输线路受到一定条件的限制，并限制了汽车运输的灵活性。

（3）由于架线系统比较昂贵，只能采用在装备较少的运输道路上提高车流密度来最大限度地回收投资，这需要修改采矿计划。

随着采矿工业场地的展开，露天矿开采中期装载运输费用降低，这些都得益于双能源运输卡车节省了大量油耗；生产运输过程中，双能源汽车生产运输成本明显低于普通电动轮。柴油—架线双能源汽车在节省油料，降低生产成本方面成为很好的选择。因此使用双能源汽车运输矿岩能给矿山带来很好的经济效益，矿岩运输推荐采用双能源汽车。

柴油—架线双能源卡车运输在国外多个矿山得到了很好的应用，特别是在南部非洲一些电力资源丰富、价格低廉而石油资源短缺、昂贵的国家。石油资源是不可再生资源且日益短缺，因此双能源汽车的运用将有很大的前景。在今后的改扩建或新建深露天矿山中应考虑双能源汽车这种有效的运输方式。

使用双能源汽车系统的矿山如图 3-2 所示。

3.2.2 双能源汽车的发展

车辆通过外部供电行驶的想法由来已久[30]，早在 1869 年，移居到美国的 Charles J. Van Depoele 发明了一台集电杆受电的有轨道电车系统，并在 1882～1883 年的芝加哥工业博览会上进行

图3-2 使用双能源汽车系统的矿山示意图

了短轨运行，这个概念在许多铁路上采用，应用于许多国家的铁路上和电车上；在欧洲，因1882年在柏林做了水平双导线供电的车辆运行试验，Werner Von Siemens被认为是“电车之父”。

1889年时的电车如图3-3所示。

图3-3 1889年电车示意图

意大利北部 Valtellina 的水电站大坝建设时曾使用了电车系统，当时工地中有 16 车三轴的卡车和 4 车双轴的牵引车，它们直接由高架线提供的 650V 直流电进行驱动，运行时间为 1938 ~ 1962 年。

1940 年的电车如图 3-4 所示。

图 3-4　1940 年电车示意图

International Salt 公司在密西根州的地下矿，通过将直流电动机直接安装在差动器上将一批 20 短吨的 Euclid 改装成了电驱动形式，并且将发动机换成了蓄电池，在没有外部能量输入时驱动车辆，这些设备从 1939 年开始成功使用了 20 余年。

1956 年，Riverside 水泥公司把 4 辆 30 短吨的 Kenworth 机械传动后卸式自卸车，通过安装一台 261kW（350hp）牵引电动机到差动器上，取代机械传动变为电传动，架线系统通过集电杆装置把电力送到牵引电动机，供电电压为 550V，使用辅助供电系统后，车辆的坡道运行速度增加了一倍，另外由于工作地点的特殊性还使用了电缆卷盘，这个系统运行了 15 年直到车队退役。

当年 30 短吨的 Kenworth 如图 3-5 所示。

图 3-5　Kenworth 架电式卡车示意图

在寻找高负载坡道运行的经济方案时，Berkeley 露天铜矿认为电驱动的运输车比机械驱动的效率更高，于是在 1958 年，它们向有电驱动车辆生产经验的 R. G. LeTourneau 求助，两年后，一台已过测试后的 60 短吨非路面卡车被送到了 Berkeley，这台车用柴油机带动车载直流电机发电驱动轮毂电机行走，后来 R. G. 将电驱动技术向前推进了一步，于是出现了架线辅助供电的车型，这台原型车就是 TR-60，为大型露天矿的坡道运行而设计，它是一台 60 短吨承载能力的铰接式车型，最初装有一台 250kW（335hp）的 Cummins 发动机，试验发现在脱离架线时动力不足，后来改成了双引擎，动力增加了一倍，载重量也提高到了 75 短吨，TR-60 的整个工作生涯都在 Berkeley 露天铜矿度过，现如今保存于 Butte Mining 矿山博物馆。

1967 年美国 Kennecott Copper 铜业公司在新墨西哥州的

Chiao 进行了第一次采用架线辅助供电系统的大型电传动自卸车可行性研究和样机试验，所用的车型是 Unit Rig 的 M100，它装备了 521kW（700hp）的发动机和 GE 的推进电机，结果证明采用架线辅助运行能让这个装载了 123 短吨的大家伙在 7% 的坡道上提高车速 136%，不过当时柴油机功率有限，自卸车的速度都不高。

1967 年的 M100 型架电卡车如图 3-6 所示。

图 3-6 M100 型架电卡车示意图

根据 KCC 的经验，加拿大 Quebec Cartier 矿业公司在它的 Lac Jeaniae 铁矿，于 1971 年将整个生产都改为架线辅助运行，车型包括 85 短吨 KW Dart 和 Unit Rig M85 以及 100 短吨的 Unit Rig M100，直到 1977 年该矿因铁矿石采尽为止，整个系统使用期间，实现了提高生产率 27%，在坡道上减少燃油消耗 87%。

Lac Jeaniae 铁矿架电卡车运行如图 3-7 所示。

南非的 Palabora 矿山公司在经过论证实地测试后，于 1981 年将其 75 台 170 短吨的 Unit Rig 卡车改装成架线辅助供电方式，供电电压为 1200V，由位于驾驶室上前方的气动集电杆连接到卡车。

图 3-7　Lac Jeaniae 铁矿架电卡车运行示意图

架电卡车复杂的集电装置如图 3-8 所示。

图 3-8　架电卡车集电装置

南非 ISCOR（南非钢铁公司）的 Sishen 铁矿在 1979 年时，由于油价飞涨和南非政府呼吁减少矿物燃料的使用，建造了 7.7km 的辅助供电线路，并于 1982 年初完成了 66 台 170 短吨的卡车的改造。由于此矿山的使用需要，这个系统在以前经验的基础上进行了重新的设计，使车辆能在任何地点进入或退出架线运行状态，并且相关电力设备的可移动性增强，此系统供电线路的电压为1200V。

Sishen 铁矿架电卡车如图 3-9 所示。

图 3-9 Sishen 铁矿架电卡车示意图

纳米比亚 Nchanga 露天矿的部分车型也在 20 世纪的 80 年代使用了辅助供电的方式，这些卡车都是 GE 的驱动系统，使用集电杆进行连接，目前都已退役。

纳米比亚 Nchanga 露天矿辅助供电系统如图 3-10 所示。

力拓集团的纳米比亚 Rossing Uranium 铀矿是 Palabora 的兄弟矿，在 Palabora 使用了辅助架线之后（见图 3-11），该矿也参照此模式进行了安装。目前有 24 台 730E 使用架线辅助供电方式，还有 3 台小松的 PC5500-6 液压铲。

美国内华达州的 Barrick Goldstrike Mines 的辅助系统（见图 3-12）开始于 1993 年，它的架线系统由 Siemens 提供，Caribou 公司进行安装，此系统也参照了 Palabora 的模式，不过尺寸进行了放大以适应该矿较大型号的 190 短吨卡车，为高负载的悬吊

图 3-10　纳米比亚 Nchanga 露天矿辅助供电系统

图 3-11　纳米比亚 Rossing Uranium 铀矿架电系统示意图

架线结构，1994 年 10 月有 50 台 Komatsu 685E 投入使用，后来又增加到了 74 台，线路长度也加长到了 4. 5km，但是由于矿山计划的改变，这些车可能在 8 年之前退役。

同样属于南非 ISCOR 的 Grootegeluk 煤矿也使用了此技术（见图 3-13），并于 2001 年改为交流驱动，其电杆的跨度为

图 3-12 美国 Barrick Goldstrike Mines 的辅助系统

图 3-13 Grootegeluk 煤矿的架电辅助系统

50m，移动整流站接收 11kV 的交流电并向两根高架线提供电能用于驱动卡车，主要车型有 Komatsu 730E、Maranthon_ LeTourneau 2200 和 Euclid R280AC。

赞比亚的 Lumwana 铜矿是非洲大陆上最大的单体铜矿，2007 年 Siemens 为其提供了 27 台卡车的架线辅助供电系统（见图 3-14），采用新型的交流驱动技术。

图 3-14 赞比亚 Lumwana 铜矿的架线辅助供电系统

20 世纪 80 年代，在非洲南部，燃油价格高和供应不可靠是发展架线柴油电力汽车的主要动机。南非钢铁工业有限公司锡兴铁矿和帕拉博拉铜矿开采初期均采用单一汽车运输，在转入深凹开采后，均于 1980 年开始样机试验。现在，这两个露天矿所有的 170t 汽车都安装了 1200V 架线电力装置，2. 7km 的架线电力运输系统的有效利用率达 90%，架线柴油汽车在上坡时的速度增至 10km/h，使矿山的运输能力提高 14% ~15%，并明显地节省燃油和提高产量。帕拉博拉铜矿架线运输道见图 3-15。

除了经济性的要求之外，也有一些矿山为了其他目的如降低噪声和污染的目的来使用架线系统，包括 Barrick Mine 和澳大利亚新南威尔士的 Mount Arthur North 煤矿等。

以上是全球矿山正在使用或曾经使用过架线辅助供电系统

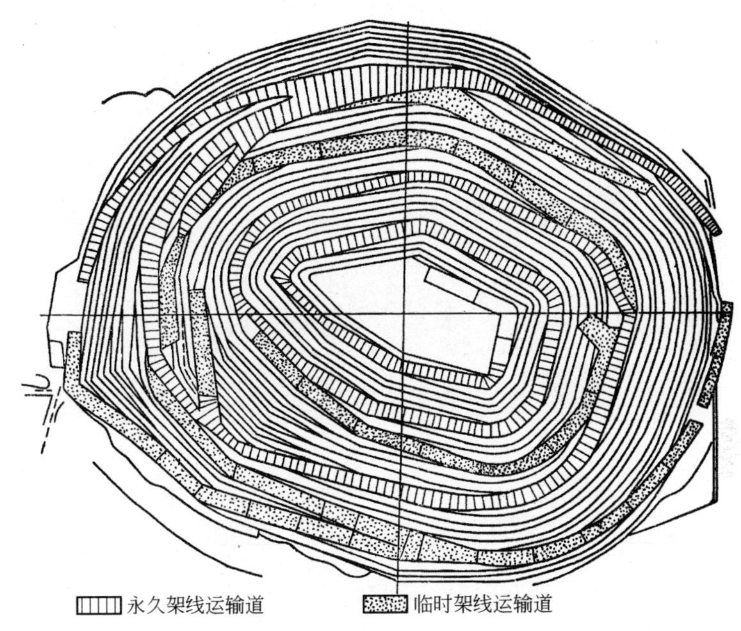

图 3-15 帕拉博拉铜矿架线运输道图

的部分矿山和大型工程。另外在我国的宝日希勒露天矿，为降低生产成本和改善矿坑内的大气环境，符合目前国家节能减排的产业要求，也准备采用架线辅助供电技术进行生产（见图 3-16）。

架线辅助运行系统的原理并不复杂，在一条坡道上配有两根接触导线，自卸车通过受电弓（或集电杆）接到接触导线上，然后用一定的控制方式把架线电压加到卡车的直流或交流牵引电机。

架线双能源汽车的结构系统见图 3-17。

图 3-17 表明，电力从沿运输线路布置的上部架线系统通过接触杆或导电弓架传输到汽车，经一系列动力开关接触器到电

图 3-16 宝日希勒露天矿架线辅助供电系统

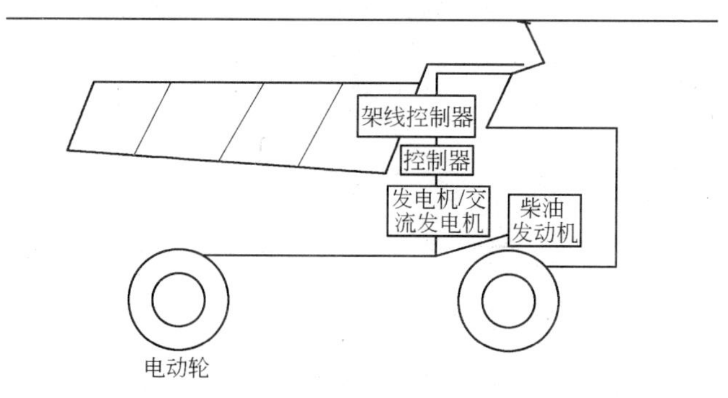

图 3-17 架线柴油电力汽车结构系统示意图

动轮，并使柴油发动机降到低负荷工作状态。架线辅助运行系统主要有以下几个部分：电源供电设备、集线装置、受电器装置、自卸车系统。

（1）电源供电设备是接收、变换、分配电能的环节，包括线路隔离开关、变压器、整流器、流断路器等。从理论上，供电系统可以是直流或交流，目前的应用大都采用直流供电系统，利用切换串联降压电阻调节车速，控制系统相对交流供电简单。但随着电力电子技术的进步，PLC 技术的应用，交流供电控制复杂的问题已经很好解决。交流供电系统造价低、效率高的优点很明显。

供电设备的变压器，整流器的规格要根据平均负荷和峰值负荷，并按矿内架线运行的自卸车数量比例进行选择。交直流断路器等保护器件的规格则须根据计算出来的故障条件选定。电源供电设备应有完整的两套，其中一套作为备用。

（2）集线装置常用的有导线悬吊架线结构和汇流条架线结构两种。

导线悬吊架线结构是靠导线自重拉紧的，在周围环境温度较高的条件下，为防止导线下垂就需要相对短的电杆跨距（与汇流条架线结构相比较），还需要拉紧装置用于维修和调节弛度，此方式安装较容易、投资少。

汇流条架线结构适用于高生产能力（运输密度大）和坡度为8%或更大的矿山条件。这种结构的优点是电流容量大、寿命长、电压降小、所需变电站少，另外它的安全更好、故障率也低，但是投资较大。

（3）受电器装置相应有受电弓式和集电杆滑块式两种供选择，两种都是气动上举式。为了得到良好的电流接收而没有电弧产生，受电器对架线导体接触压力有重要意义，压力不应小于规定数值，但同时压力也不应太大，以致产生大的摩擦损耗，受电器应该在架线导体高度的工作范围内保证压力变化很小。

对受电器接触导体的要求是：导电性能良好、机械耐磨性能好、密度小，常用的材料有以下几种：

1）金属材料：铜、钢、铝；

2）粉末冶金材料：基材为铁或铜；

3）碳质材料：纯石墨或含金属石墨。

其中金属石墨性能最佳，价格也最高。

受电弓式的优点是操作方便，不受入口限制，可随时随处进入架线运行状态；集电杆滑块式则需要入口导向盘，司机操作相对困难。

（4）自卸车系统。分级电阻系统算是目前比较好的选择，它在性能、可靠性、自重、尺寸和成本方面都有优势。

架线运行车辆行走的线路设计和坡道宽度等方面的设计也需要注意，制造商已经注意到了这个问题并且已经开发出了快速安装和拆除系统，不过这种情况在设计时还是要尽量避免为好。架线辅助供电的主要费用在卡车的改装、变电站、高架线系统和电力传输，或许用租赁的方式可以减少这些开销。

早期的架线辅助供电技术主要依赖于低电价和高油价来实现运行成本的减少，高性能交流传动技术（见图 3-18）的出现，使得架线辅助供电的优势变得更大。

在能源问题日益被关注的情况下，架线辅助供电系统也将逐渐受到重视。

图 3-18　高性能交流传动技术

如德国的 Siemens 公司可以根据矿山运行数据如工作循环、生产率需求、运输线路坡度、油价电价等方面内容为矿山提供架线辅助供电系统的可行性分析和制订具体方案，经验证明生产率的提高和能源、维护费用的降低能为矿山提供可观的收益，成本收回期一般在 1 ~3 年；还有 Siemens 的新型的交流驱动在辅助架线系统的性能更为强大，在运行工况下能提供高达 3878kW（5200hp）的动力输出，这已远远超过当前任何一款矿用卡车的引擎功率，使车辆的坡道运行速度成倍提升，缩短工作循环周期、提高生产率，如果工作循环时间能减少 20%，那么 32 辆卡车的工作效率就与柴油动力的 40 台相当。

相比以前的直流传动技术，采用 Siemens 交流驱动技术的卡车可以在任何速度下进入架线运行状态，并且不受辅助供电电压的限制，另外，车载系统可以匹配当前 1400 ~1600V 的直流线路，也可以使用新型更高效的 2600V 供电线路，甚至混合运行模式，可以自动检测线路电压，根据电压自动选择驱动方式：高压时（如 2600V）直接由外部电能驱动或低压时（如 1400V）柴油机辅助驱动。目前 GE 等公司的直流驱动的应用还占主要地位，不过交流驱动是将来的趋势。

Siemens 还改进了受电弓，它装有导线位置传感器并且延伸范围更大，承受导线的起伏和反弹能力更强；公司还可提供架线辅助供电系统的组合式的地面设备，可移动性更好。

日本的 Hitachi-Euclid 和 Komatsu 一些型号的矿用车可提供工厂预装的架线辅助供电系统，如 Komatsu 在去年发布了新型的 860E AC 电传动矿用自卸车，其有效载荷为 254t，动力系统是 2014kW 的增压引擎，此车型今年开始限量生产，明年将进行批量生产。

可选装原厂架线辅助供电系统的小松 860E AC（见图 3-19）。

图 3-19　小松 860E AC 架线辅助供电系统

架线辅助供电运行相对于常规柴油动力的优势有：

（1）生产率最大化。坡道运行速度更快（尤其采用新型的交流驱动卡车时），上坡时的卡车速度不再由车载引擎决定，而由外部供电决定。速度、能量关系式如下：

速度 = 能量(动力)/[车辆总重量 × 9.8 × 坡度(%)]

由于外部电能输入远远大于目前的柴油发动机功率，所以卡车速度会大大提升，这样就能加快工作循环或使用较少的车辆。

（2）降低燃料消耗和发动机维修、保养费用，延长发动机寿命。如果是常规柴油动力，那么 70% ~ 80% 的燃料被消耗在坡道上，而架线辅助供电可以大大降低这项费用，并且发动机的维修和保养间隔与燃料消耗量成正比，因此此间隔能延长 2 ~ 3 倍。

（3）延长轮电机电枢的寿命。由于上坡速度加快，大负荷的坡道运行时间缩短，牵引电机的发热量大大减少。

（4）对环境更友好。采用架线辅助供电时发动机基本在怠速状态，废气排放和噪声都明显减少，提高了空气质量，这点在深凹露天矿尤为重要。

南非 Grootegeluk 煤矿的常规动力与架线供电对比如图 3-20 所示。

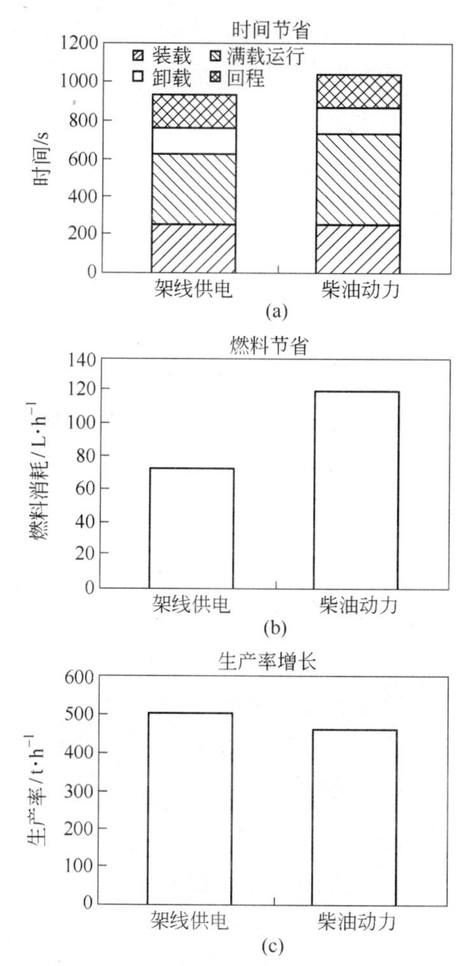

图 3-20 南非 Grootegeluk 煤矿的常规动力与架线供电对比

总的来说架线辅助供电在全球的应用还很少，除了确实不适用的矿山之外，其不够普及还有以下原因：

（1）不熟悉、不了解。许多用户并不知道架线辅助供电所能提供的优势。

（2）认为系统建设、维护和车辆安装的辅助设备费用高、回收投资期长。生产率的提高，尤其对于交流驱动卡车，能源和车辆维修保养费用的节省，通常能在 1 ~ 3 年收回设备投资。

（3）灵活性不如常规动力车型。这一点可以说是其最大不足，导致许多现有的露天矿不适用于架线辅助供电，不过每个新矿山在设计时都可以考虑使用此技术。

第4章

整车提升

随着露天采场深度的增加，原有的运输方式已不能保证露天矿必要的生产能力。故研制大载重量、高效率低能耗的大型露天矿矿用自卸汽车以增加汽运的合理运距或开发汽车—陡坡运输胶带联合运输方式是目前露天矿运输工艺的发展趋势。而应用整车提升运输工艺是寻求从深凹露天矿往外运输矿岩效率高而又经济的方法之一，其目的是保证深凹露天矿生产能力，减少运输费用。露天矿矿用汽车整车提升[31]运输工艺在20世纪40~50年代就已提出，其技术研究如今也得到了一定的发展。

近年来，以小载重量自卸汽车为基础的运输—提升装置在地下金属矿山得到了广泛应用，在矿石搬运、输送和提升上使用同型号设备可以使地下开采工艺流程和在地表的作业过程大为简化，并使建设提升和地下破碎装置以及多处转运站的投资下降。但是这种系统具有严重的缺点。由于运输线路坡度小（5°~15°）而使长度过大，同竖井提升相比，输出矿石的巷道长度增加4~10倍；在这样的区段上，运输—提升工序占用时间最长，消耗能量最大；空载自卸汽车的下坡行驶动能没有做有用功；在这一区段发动机排放的尾气造成严重的空气污染。

对现代露天矿矿用汽车整车提升运输工艺提出的最主要的要求是：保证整车提升运输系统具有额定的生产能力；提升设备的基建投资小；提升设备能快速装配和安装；提升过程自动

化等。

目前，整车提升机还并不像箕斗提升机和胶带运输机那样得到广泛的应用。究其原因，一是大型矿用汽车（载重量 150 ~ 220t）的应用，增加了汽车运输的合理运距；二是与大型矿用汽车配套的整车提升设备过于昂贵，基建投资高；三是整车提升运输系统的生产能力有限（一般为 300 ~ 600 万吨/年），不能满足现代大型露天矿山的规模需求。但由于在小型深凹露天矿中使用汽车运输，所以在深度超过 80 ~ 100m 后，使用整车提升运输工艺就可能是合理的[32]。

4.1 露天矿矿用汽车整车提升机的形式

已提出的露天矿矿用汽车整车提升方案均为斜坡提升，斜坡提升系统按驱动方式分为三类：一类是全部借助外力的外部驱动力卷扬整车提升运输系统；另一类是以汽车自身驱动力为主、外部驱动力为辅的汽车自驱动 + 卷扬整车提升运输系统；第三类是完全借助汽车自身驱动力的汽车自驱动整车提升运输系统。

4.1.1 外部驱动力卷扬整车提升运输系统

图 4-1 为外部驱动力双卷扬整车提升系统。提升系统包括运

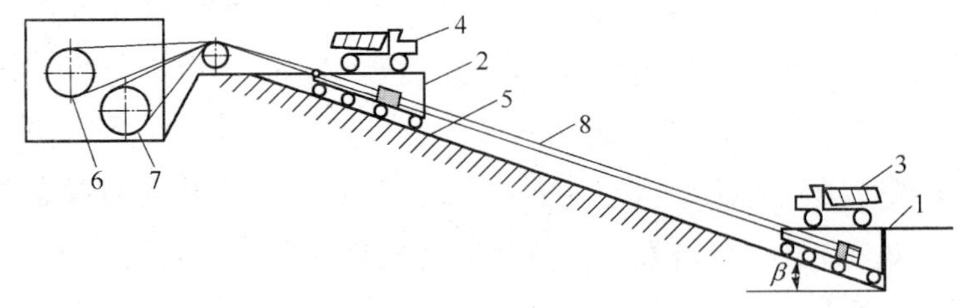

图 4-1 外部驱动力双卷扬整车提升系统

1，2—轮式台车；3，4—重载汽车；5—重型轨道；6，7—卷扬机；8—牵引钢绳

输自卸汽车的两个轮式台车 1 和 2，供轮式台车行驶的重型轨道 5，卷扬机 6 和 7，牵引钢绳 8。该提升系统由两套独立运行的提升机构组成，工作时相互不干扰。但对驱动电机的功率和牵引钢绳的承载拉力要求较高，且空车下放时，不能充分利用其势能。

为了能够充分利用空车下降时的势能，采用外部驱动力单一卷扬整车提升系统[33,34]，见图 4-2。

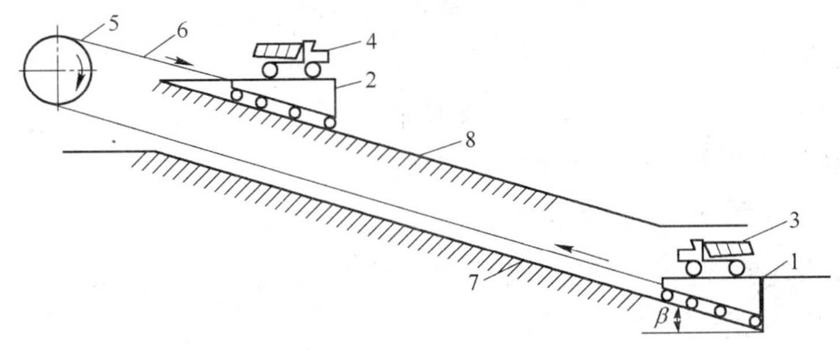

图 4-2 外部驱动力单一卷扬整车提升系统

1，2—轮式台车；3，4—重载汽车；5—钢绳天轮；6—钢绳；7，8—轨道

该提升系统由钢绳天轮 5、多根（6 ~ 10 根）钢绳 6、轮式台车 1 和 2、轨道 7 和 8 构成。钢绳天轮（摩擦轮）由两台电动机驱动，电动机通过连接器与减速器高速轴连接。减速器的低速轴通过齿型连接器与钢绳天轮的传动轴连接。

提升系统工作方式为：重载汽车 3 行驶到下面的轮式台车 1 上后，空车 4 行驶到上面的轮式台车 2 上。然后起动提升机，将重载汽车提升至上部位置，而空车下放至下部位置。在提升机停车后，汽车驶出轮式台车。

该提升系统具有以下主要优点：

（1）将载重汽车从露天矿底部提升至地面所消耗的能量低，因为能量仅消耗在提升货载上，而上升汽车本身以及轮式台车所需的能量则由另一侧下降汽车的势能提供。

（2）燃、润油料的消耗量大幅度降低。

（3）汽车使用寿命延长。因为车辆无需进行长距离重载爬坡，汽车轮胎、传动装置、制动器及其他零部件的磨损减少。

（4）提升机安全有保障。因为使用有多根钢绳的钢绳天轮作传动装置，如果一根钢绳发生断裂，轮式台车不会掉落。

（5）露天矿深度增加后，提升机仍可继续使用。为此只需延长轮式台车行驶轨道，并更换较长的钢绳即可。

德国西马格·特兰斯普兰公司（Siemag Transplan）[35]就试图将其改进的单一卷扬整车提升系统推广向露天矿。西马格公司认为采用整车提升机运输具有许多优点，提升机将自卸汽车从采场提升到地表所需要的时间与自卸汽车运输所需的时间相比，缩短了许多，燃料和轮胎的费用大幅度下降。同时，所需自卸汽车的数量和备件库存也可相应减少。而且这些少量的自卸汽车将行驶很短的距离，因此，延长了自卸汽车服务年限。

西马格公司认为采用该提升系统，与采用单一汽车运输系统相比，所节省的费用能很好弥补用于建设安装斜坡提升机所需相对高的基建投资。利用这套设备，使矿岩的运输费用低于常规的自卸汽车运输费用。所以在矿山的整个服务年限内，与行驶在斜坡道上的自卸汽车运输相比，运输费用将减少40%。

4.1.2 汽车自驱动+卷扬整车提升运输系统[36]

该提升系统是依靠汽车自身动力和外部牵引力进行整车提升。系统给汽车装备挂钩装置（连接装置），而在斜坡路设置无极牵引钢绳，在下部接车平台将重载汽车挂在牵引钢绳上，同时在上部接车平台将空载汽车挂在牵引钢绳上，重载汽车行驶至上部出车平台摘钩，空载汽车行驶至下部出车平台摘钩。

该提升系统的工作原理：下行空载汽车的重量平衡了上行重载汽车的自重。同时，下行空载汽车利用它的发动机动力，通过牵引钢绳向上行重载汽车提供牵引力，重载汽车利用它的发动机动力克服载重。这样，可以极大地改善重载汽车爬坡的工作状态，使汽车有效载重量增加或爬坡能力增强。提升机仅是辅助设备，它的作用仅在于对重载汽车补加一些牵引力。

汽车自驱动 + 卷扬提升系统见图 4-3。

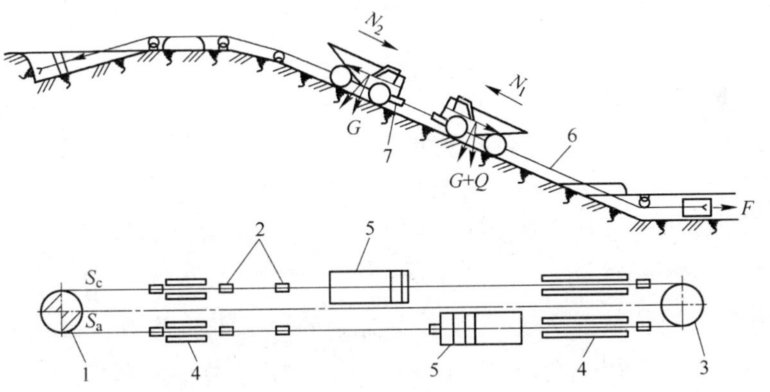

图 4-3　汽车自驱动 + 卷扬提升系统

1—驱动轮；2—转向托轮；3—导向轮；4—开启和关闭挂钩的装置；5—自卸汽车；6—牵引钢绳；7—自卸汽车的连控装置（挂钩）

驱动轮的牵引力就是驱动轮与钢绳之间的摩擦力，即钢绳与驱动轮的相遇点与分离点的拉力之差。在极限条件下，驱动轮可传递的最大牵引力：

$$W_{max} = S_a - S_c = S_c(e^{\mu\beta} - 1) \tag{4-1}$$

式中　S_a——相遇点的实际拉力；

S_c——分离点的实际拉力；

μ——牵引钢绳同驱动轮的摩擦系数（由 0.16 ~ 0.3）；

β——牵引钢绳在驱动轮上围抱角（变化在 π ~ 3π 之间）；

$e^{\mu\beta}$——驱动轮的牵引系数（变化在 1.6 ~ 16.9 之间）。

钢绳强度按其承受的最大静拉力计算：

$$P_{max} = T_1 + (G+Q)g\sin\alpha - N_1$$

$$= (G+Q)g(\sin\alpha + f\cos\alpha) - N_1 \tag{4-2}$$

设钢绳的破断拉力为 P_z，则系统的安全系数：

$$m_0 = \frac{P_z}{P_{max}} \leqslant [m_0] \tag{4-3}$$

分析表明，系统关键是钢绳驱动轮与钢绳之间的摩擦力及牵引钢绳的强度，在靠近驱动轮处牵引钢绳的张力最大。提升系统的运送能力取决于同时挂在钢绳上的重载汽车数量、汽车载重量、行驶速度和斜坡路段长度。提升系统对于采用同一型号汽车进行输送和提升作业是有效的，由于线路坡度增加到 20° ~ 25°，斜坡路段长度减少 1 ~ 4 倍，并能有效地利用下行空载汽车的势能和动能提升上行的重载汽车。这种无转载的运输工艺消除了许多不利因素的影响。该提升系统的能耗同垂直箕斗—罐笼提升系统的能耗大致相同。

前苏联杰兹卡兹干冶金矿业公司安仁斯克矿和 65 号竖井所做的研究成果表明，为了运出矿石，用旧方法需要掘进 $7 \times 10^4 m^3$ 竖井和 $9.3 \times 10^4 m^3$ 破碎机硐室等。若采用汽车自驱动爬坡 + 卷扬整车提升运输系统，通过两条斜井（倾角 $\alpha = 22° \sim 23°$，斜井断面为 $22m^2$）从 350m 和 440m 深处运出矿石，开拓坑道掘进量分别为 $3.9 \times 10^4 m^3$ 和 $5 \times 10^4 m^3$。当在搬运、输送和提升作业使用瑞典基律那公司的 K-500 型自卸汽车和 ПНБ-3（ПНБ-4）型电铲或斗式装载机装车时，按装载—搬运—输送—

提升循环计，工人的劳动生产率可达 100 ~ 120 吨/工班；而按原竖井开采法，为 40 ~ 50 吨/工班。当汽车在提升段的运行速度为 3m/s 时，运输提升系统的年矿石生产能力，65 号矿井可达 400 ~ 420 万吨，安仁斯克矿可达 330 ~ 340 万吨。

该提升系统虽然结构比较简单，但由于提升坡道倾角的增加，将引起车厢内矿岩的撒落及重载矿用汽车的重心后移。同时，挂在钢绳上的上行汽车和下行汽车的行驶速度与牵引钢绳的运行速度不易协调一致。从提升机的技术性能可以看出，它的生产能力和提升高度都不大。因此，仅在浅露天矿中，用外部沟开拓或堑沟布置在采区很长，坡面角很缓的工作帮上时，采用这种提升机才是合理的。

4.1.3 汽车自驱动整车提升运输系统

前述两种整车提升运输系统方案都是建立在借助卷扬机提升的基础上，若以被提升汽车的发动机驱动力为提升动力，建立汽车自驱动整车提升运输系统，则提升系统的技术要求、设备费用和基建费用将大幅度降低。这种运输系统的核心是矿岩在采场内不经过破碎和转载，只用同一种承载工具，并利用承载工具的自身动力，经过工作面道路和斜坡提升线路直接从工作面运到地面，完成工作面运输和提升运输，而无需配置外部卷扬机。

露天矿用无外部卷扬机的整车提升可以按以下方法来实现[37]，见图 4-4。

整车提升机最佳结构的选择，是通过分析比较各提升方法的结果而决定的。提升方法（a）的主要优点是没有能源输入装置，但有附加动力机组，这就增加了无用载荷，同时增加了基建投资费用和生产管理费用。提升方法（b）具有较小的重量，

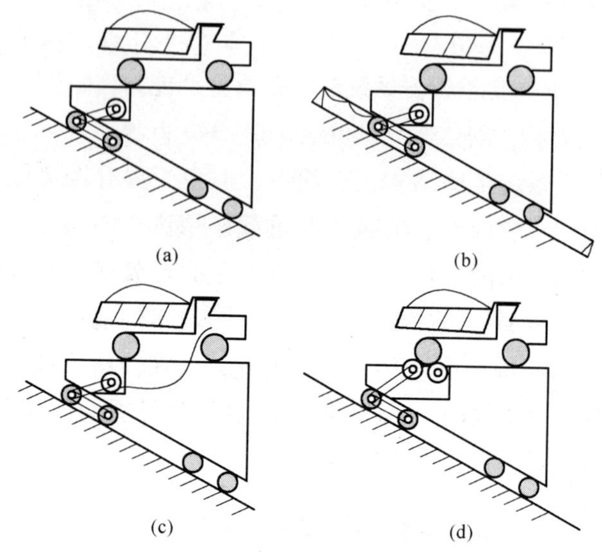

图 4-4　露天矿用无外部卷扬机整车提升方法

（a）提升台车装有单独的内燃发动机；
（b）提升台车装有电动机，借助滑移式电缆由外部电网供电；
（c）提升台车装有电动机，由柴油—电动轮汽车供电；
（d）提升台车装有与汽车驱动轮有运动联系的驱动滚筒以及牵引装置的工作机构

但由于有电力接受装置，而降低了它的生产使用质量。提升方法（c）由于使用短电缆从电动轮汽车上供电，较合理地解决了提升机的电动机电能。提升方法（d）具有利用汽车驱动轮带动滚轮的提升结构，不需要附加的动力设备和电力接受装置，是最合理的。

提升方法（d）有代表性的方案为汽车驱动轮摩擦卷扬绳轮整车提升运输系统[38]。汽车驱动轮摩擦卷扬绳轮整车提升运输系统是利用重载汽车轮胎驱动摩擦轮，通过传动系统，带动牵引绳轮，进而驱动钢绳而提升重载汽车。提升系统布置及提升机结构如图 4-5 所示。

汽车驱动轮摩擦卷扬绳轮整车提升运输系统由两个轮式台车 1 和 2、滑轮系统、摩擦轮驱动系统组成。两个轮式台车上可以停放重载汽车 3 和空载汽车 4，汽车与水平面保持平行，轮式

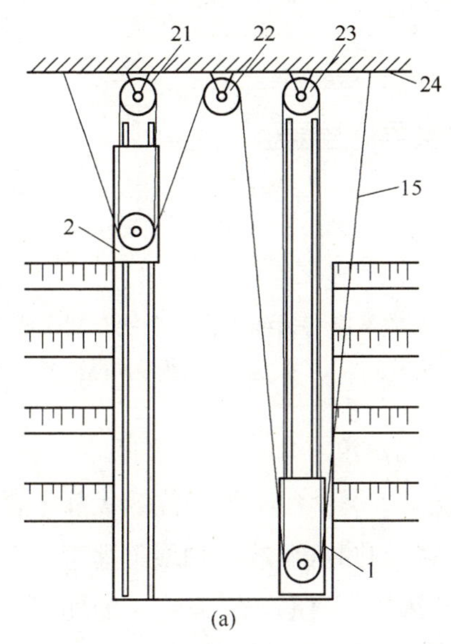

(a)

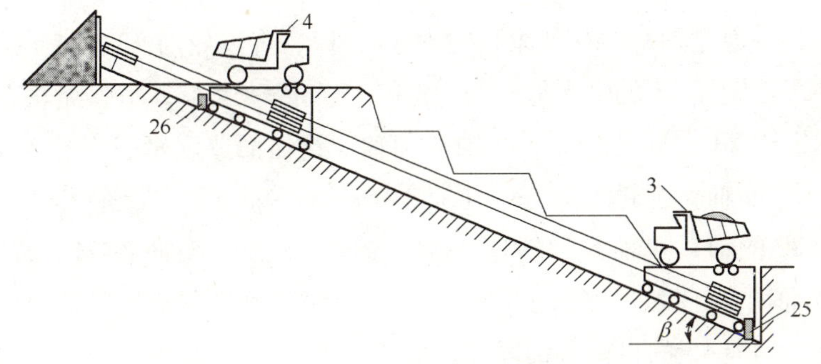

(b)

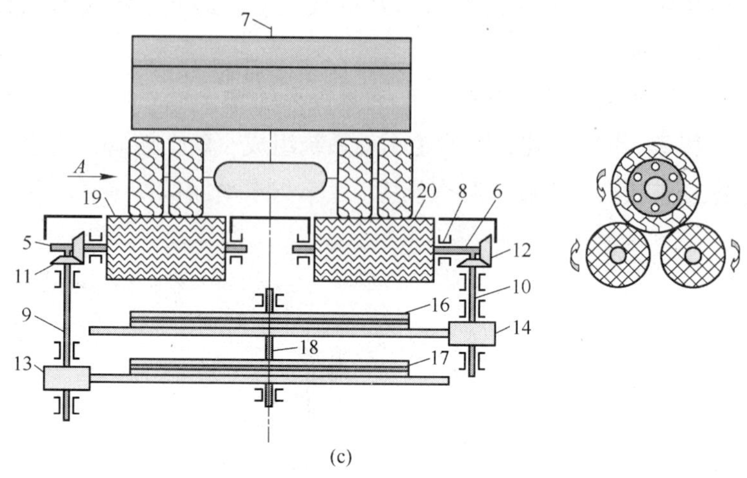

图 4-5　汽车驱动摩擦卷扬绳轮提升系统布置及提升机结构

（a）提升运输系统平面图；（b）提升运输系统纵向侧视图；（c）自驱动装置

台车布置与水平线成 β 角。

通过图 4-5 可知，每个台车的定位铺板都布置在两个平行的轴 5 和 6 上，这两个轴同汽车的纵轴线 7 垂直，有塑胶衬面的摩擦轮彼此之间的间隙，可使汽车 3 或 4 的驱动车轮依托其上，轴 5 和轴 6 是断开的，安装在轮式台车 1 和 2 框架中的轴承 8 里，并通过轴 9、10 及伞齿轮对 11、12、直齿轮对 13、14，同环绕着钢绳 15 的牵引绳轮 16 和 17 产生传动联系，牵引绳轮在固定轴 18 上旋转。此时，轴 9 同轴 5 连通而驱动牵引绳轮 17，轴 10 同轴 6 连通而驱动牵引绳轮 16；这些轴布置在带摩擦轮 19 和 20 的轴 5 和轴 6 的对应一侧，钢绳 15 经过换向轮 21、22、23 而闭合，换向轮固定在钢架 24 上，钢架固定在露天采场边坡上，钢绳 15 的自由端锚固在边坡岩体上。

经过设置在露天矿边坡上的双滑轮系统与两个轮式台车彼

此之间形成运动联系，牵引绳轮 16 和 17 可以是单绳沟或多绳沟，在露天矿台阶上实现重载汽车的提升。25 和 26 是轮式台车在下部和上部极限位置的挡铁。

该提升系统的工作方式如下：重载汽车 3 驶入处于下部极限位置的轮式台车 1 上，停车后，其驱动车轮停靠在摩擦轮 19 和 20 上；此后，空载汽车 4 驶入处于上部极限位置的轮式台车 2 上，停车后，其前轮（非驱动轮）停靠在摩擦轮 19 和 20 上，而后，重载汽车 3 的驾驶员接合汽车驱动轮。

当汽车驱动轮旋转，其扭矩传递给轮式台车上的摩擦轮 19 和 20、传动轴 5 和 6，进而传递给伞齿轮对 11 和 12、轴 9 和 10、直齿轮对 13 和 14，直齿轮 13 和 14 的对应齿轮分别与牵引绳轮 16 和 17 刚性连接，通过与钢绳 15 的接触段相互作用，牵引绳轮 16 和 17 开始旋转。

当牵引绳轮 16、17 旋转时，与其互动的钢绳 15 牵引下部轮式台车及重载汽车开始沿着轨道上行，而上部轮式台车及轮式台车上的空载汽车在自重的作用下，则沿着轨道下行，当两个轮式台车到达极限位置时，轮式台车 1 被设在露天采场边坡上的挡铁 26 挡住，而轮式台车 2 则被设在采场相应工作水平上的挡铁 25 挡住。

以后的作业循环重复进行，不过此时的重载汽车上行已由轮式台车 2 完成，而空载汽车的下行则由轮式台车 1 完成。在这种情况下，当空载汽车下行时，其前轮靠在摩擦轮 19 和 20 上，由于牵引绳轮 16 和 17 的旋转，空载汽车的非驱动轮也同时旋转。空、重载汽车之间的信息由设在上部和下部的信号装置联系。

由于这种设在露天矿边坡上的提升机，直接利用所提升汽车的发动机提供动力运行，因此，无需专用提升机驱动装置，同时，向露天场下部下行的空载汽车4及轮式台车2起到配重的作用。

该系统最大的优点是只利用汽车自身的动力，将汽车从采场底部提升至地表，而无需外部辅助动力。使得在建设大型卷扬整车提升运输系统的同时，既避免了大量的资金投入，同时，也简化了大型卷扬整车提升运输系统所涉及的技术问题和设备制造问题。

该提升系统的关键是汽车驱动轮通过摩擦轮传递动力。摩擦轮传动是两个相互压紧的摩擦轮，靠接触面间的摩擦传递动力。由于其结构简单、制造容易、运转平稳、过载可以打滑（可防止设备中重要零部件的损坏），以及能无级改变传动比，因而有较大的应用范围。但由于在运转中有滑动（弹性滑动、几何滑动与打滑），传动效率较低，结构尺寸较大，作用在轴和轴承上的载荷大，一般只应用于小功率传动。

为了克服在大角度、重载提升情况下摩擦轮打滑的问题，采用汽车驱动连接爬坡齿轮的驱动形式更能满足实际应用。汽车驱动轮连接爬坡齿轮整车提升运输系统在平面布置上与汽车驱动轮摩擦卷扬绳轮整车提升运输系统基本一致，唯一的区别是汽车驱动轮与固定在轮式台车上的行走齿轮连接，通过行走齿轮与固定在斜坡道上的爬坡齿条的传动，将轮式台车和其上的汽车提升到地面。提升系统布置及结构见图4-6。

该提升系统以齿轮齿条传动牵引轮式台车爬坡，克服了汽车驱动轮摩擦卷扬绳轮整车提升运输系统存在的摩擦轮失效，以及为了达到一定的速比，要求摩擦轮直径较大，在特定环境下，难以实际应用的问题。

结合图4-6说明该提升系统。在减速器10的动力输入端设置了具有液压伸缩功能的离合器11，离合器的一侧与减速器相

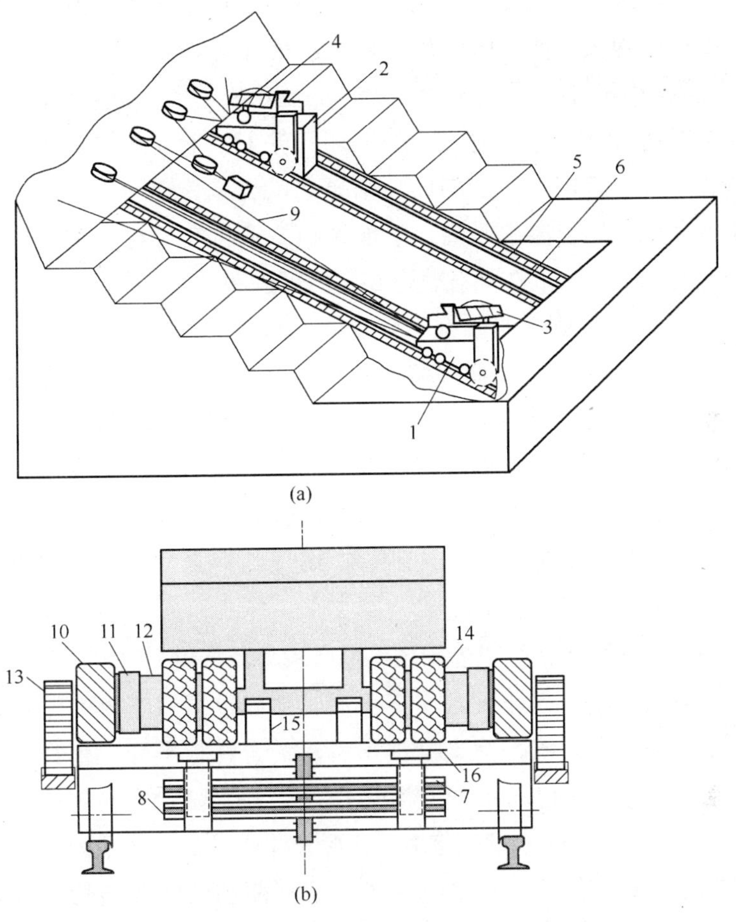

图 4-6 汽车驱动轮连接爬坡齿轮整车提升系统及结构

(a) 整车提升运输系统立体图；(b) 齿轮自驱动装置结构

1，2—轮式台车；3—重载汽车；4—空载汽车；5—爬坡齿条；6—承重轨道；7，8—牵引绳轮；9—钢绳；10—减速器；11—离合器；12—可伸缩花键轴套；13—行走齿轮；14—特制轮毂；15—Y 形支撑座；16—升降板

连，另一侧为可伸缩花键轴套 12，可自动寻点定位。离合器由液压控制其伸缩：当离合器收缩时，离合器中可伸缩花键轴套

与特制轮毂上的花键轴脱离，即减速器与汽车驱动轮脱离，为离状态；当轴套伸出时，离合器可伸缩花键轴套与特制轮毂上的花键轴相配合，即减速器与汽车驱动轮相连接，为合状态。

减速器 10 的动力输出端为行走齿轮 13，行走齿轮具备升降功能。行走齿轮下降后与爬坡齿条 5 啮合，传递动力；行走齿轮上升后与爬坡齿条脱离，下坡端的轮式台车可在自重的作用和绳轮组的约束下在承载轨道 6 上向下运动。

升降板 16 在正常情况下应使重载汽车驱动轮轴不与 Y 形支撑座 15 碰撞。当升降板下降时，重载汽车驱动轮轴下落在固定的 Y 形支撑座上，使驱动轮脱离轮式台车 1 台面的升降板。

汽车驱动轮连接爬坡齿轮整车提升运输系统的工作方式如下：重载汽车 3 驶入处于下部极限位置的轮式台车 1 的指定区域后，重载汽车驱动轮位于升降板 16 上。随后，空载汽车 4 驶入处于上部极限位置的轮式台车 2 上，轮式台车 2 两侧的离合器处于离开状态，行走齿轮也不与爬坡齿条接触。

空载汽车驶入轮式台车 2 上后，承载重载汽车 3 的轮式台车 1 启动液压系统，使支撑汽车后轮的升降板下降，重载汽车驱动轮轴落在固定的 Y 形支撑座 15 上，确保驱动轮与轮式台车 1 台面的升降板间不发生接触。Y 形支撑座可以方便地固定自卸汽车驱动轮轴的前后位置和高度，保证驱动轮轴线与轮式台车两侧离合器上的可伸缩花键轴套轴线的同轴度。

由于离合器具备液压伸缩功能，且可伸缩花键轴套具备自动寻点定位功能，当重载汽车驱动轮轴落在固定的 Y 形支撑座上后，轮式台车 1 上的两侧离合器伸出花键形轴套与重载汽车两侧驱动轮的特制轮毂上的花键轴自动寻点定位相连，而后，行走齿轮 13 下降与爬坡齿条 5 啮合。

当重载汽车开车时，其驱动轮的扭矩通过特制轮辋上的花键轴、花键轴套12、离合器11传给减速器10，经变速后，传递至行走齿轮13转动，行走齿轮与爬坡齿条5啮合，成为上坡端轮式台车的爬坡动力，带动轮式台车1上升。轮式台车1上升时，在自重的作用下，轮式台车2及其上的空载汽车作自溜下降。

系统运行过程中，所有载荷通过轮式台车传递至承重轨道6上，爬坡齿条5不承受重力载荷。为了避免重载汽车两侧驱动轮出现差动现象，可设置伺服机构，用于检测和调整上升台车两侧行走齿轮不同步的问题。提升系统的自控部分采用可编程序控制器（PLC），控制各项操作及指挥联络。

这种设在露天矿边坡上的整车提升运输系统，由于直接利用所提升汽车的发动机提供动力运行，因此无需配置卷扬提升机。同时，向下行的轮式台车及空载汽车起到配重的作用，通过牵引钢绳向上行轮式台车提供一定的牵引力。牵引钢绳在向上行轮式台车提供牵引力的同时，也保证了下行轮式台车同步稳定下降，并为轮式台车提供了安全保障。因此，该提升系统对紧急事故防滑落装置的要求，在结构、强度、安全级别上也相对易于实现。

根据矿用汽车载重吨位的不同，可以采用爬坡齿轮与爬坡齿条啮合形式驱动重载轮式台车上行，也可以采用爬坡齿轮与爬坡履带啮合、爬坡履带再与爬坡齿条啮合的形式驱动重载轮式台车上行。对于大吨位的矿用汽车自驱动提升系统采用爬坡履带作为爬行力的传递介质，可以为传动部件材质的选择、结构大小的选择、加工及安装精度的选择、轮式台车运行的安全性、传动系统受力的均衡性、爬坡齿轮与爬坡齿条的磨损等方面降低应用技术难度。汽车驱动轮连接行走履带自驱动装置见图4-7，行走齿轮、行走履带、行走齿条间的关系见图4-8。

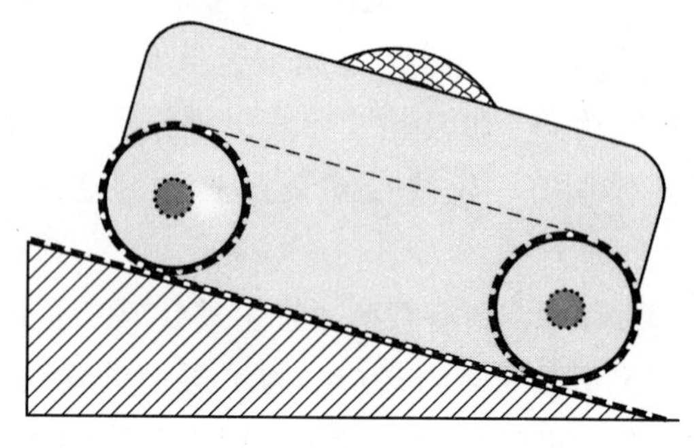

图 4-7　汽车驱动轮连接行走履带自驱动装置结构

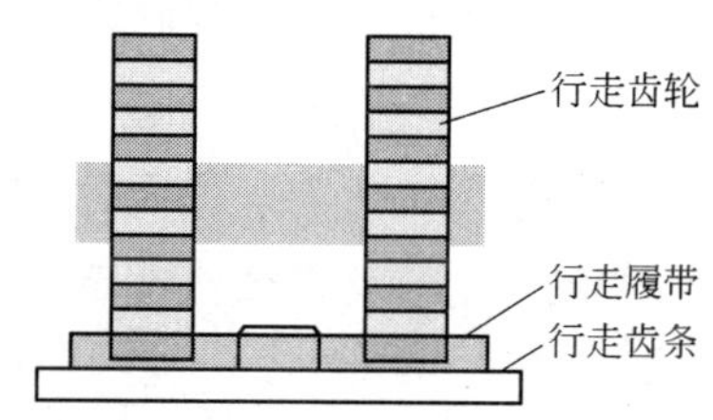

图 4-8　行走齿轮、行走履带、行走齿条间的关系

从上述说明中可以理解，该系统克服了汽车驱动轮摩擦卷扬绳轮整车提升运输系统存在着摩擦轮失效，系统安全难以保障，以及为了达到一定的速比，要求摩擦轮直径较大，在特定环境下，难以实际应用的问题。只利用汽车自身驱动力，将重载汽车从采场底部提升至地表，而无需辅助动力。

该系统最大的优点是只利用露天矿矿用汽车自身的驱动力，将重载汽车从采场底部提升至地表，而无需外部辅助动力。使得在建设矿用汽车整车提升系统的同时，既避免了大量的基建、设备资金投入，简化了重型提升系统所涉及的技术问题和设备制造问题，也避免了矿岩破碎及转运站的建设投资。

上述整车提升结果只是一种原则方案。本着技术可行、安全可靠经济合理的原则，必须对提升系统的主要结构和使用参数进行安全分析和计算。对于影响“汽车驱动轮连接爬坡齿轮整车提升系统”安全性的关键危险因素，可以从系统结构、系统运行和操作3个方面进行辨识和分析。

4.2 露天矿矿用汽车整车提升机的特点

在深凹露天矿使用汽车运输受到合理运距的限制。汽车载重量的选择应考虑矿山运输技术经济条件，应当适合于露天矿最大生产能力和最远运输距离。

矿岩年采掘总量小于1800万吨的露天矿，采用载重40~50t的汽车时，在露天矿内部合理运距可达7km。但在有85%~90%的运输长度是持续上坡的深凹露天矿中，其合理运距显著降低（往往缩短50%甚至更多），仅约为3km。因而就确定了在露天矿采用汽车运输的合理深度为80~150m。这个深度以下必须用其他运输形式如联合运输来代替单一汽车运输，因为这样可以：明显缩短从露天采场下部水平到地表的运输距离；减少随深度增加而增加的岩石剥离量；下部水平投产的准备工期和基建工程量都可以减少；能维持采矿工作延深速度；在开采下部水平时，能保持露天矿已达到的生产能力。而采用整车提升机就可以解决上述问题。

整车提升机的特点是可以沿最近的方向从露天采场把矿岩运到地表，在露天采场内装载及往地表运输都采用一种运输设备，而不需转载。整车提升机的提升坡度大于自卸汽车牵引条件所能克服的极限坡度，也不小于普通胶带运输机所允许的极限坡度，以使提升汽车的运距短于自卸汽车自行和用胶带运输机提升矿岩的运距。在露天采场中整车提升机的布置方式见图4-9。

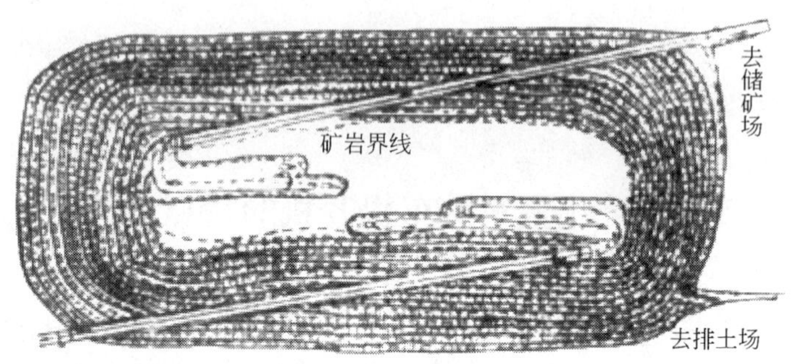

图4-9 整车提升机在露天采场边坡上的布置形式

整车提升机具有以下特点：

（1）矿岩在工作水平上运输，沿倾斜提升机道提升，在地表往排土场、选矿厂或倒装场运输都可以采用一种运输工具，矿岩不必转载；

（2）保证采掘和剥离工作互不影响，必要时，可以利用一台或几台提升机提升废石或仅提矿石，这使得整车提升机在生产中非常灵活和方便；

（3）在采场内部和地表对各品级矿石可以分装分运；

（4）当提升机道与露天采场边坡成斜交布置时，土建工程量不大，与胶带运输机相比，提升机道的倾角大；

（5）与常规汽车运输相比，运距缩短，减少自卸汽车台数，并可提高自卸汽车的工作定额；

（6）缩短露天采场内部公路的长度，使筑路和养路费用降低；

（7）减少燃料、润滑油和汽车轮胎的消耗，以及自卸汽车的磨损，和单纯的自卸汽车运输相比，使用汽车的寿命可以增加。

4.3 露天矿矿用汽车整车提升机的合理使用条件

（1）平面尺寸很小，但埋藏深度很深的急倾斜的矿床，矿石品种复杂，并含有废石夹层；

（2）主要为硬岩但也可有部分软岩，矿石块度中等和大块；

（3）露天采场的深度在 80 ~ 250m 之间，100 ~ 200m 最合理；

（4）提升机道倾角为 20° ~25°，很少达到 30°；

（5）为减少矿山基建工程量，可以采用和露天采场边坡成斜交的方式布置提升机；

（6）当采用 20 ~50t 自卸汽车时，一台提升机每年提升矿岩的生产能力为 100 ~300 万吨；

（7）当采用 2 ~3 台提升机时，露天矿的年采掘总量可达 500 ~700 万吨；

（8）采用汽车作为露天采场内部的主要运输形式；

（9）采用胶带运输机和箕斗提升机不合理时。

早在 20 世纪 80 年代前，国外矿业发达国家就已开展整车提升运输系统的研究，主要针对载重量 40t 以下的矿用汽车提出的，除个别小型有色金属矿山应用整车提升运输系统外，并没有在大型露天矿山得到推广应用。究其原因，一是大型卷扬提升设备制造技术复杂，基建投资偏大；二是大载重量、高效率、低能耗的大型矿用汽车（150 ~320t 级）的开发研制，增大了汽车运输合理运距，运输成本相对降低，而整车提升运输系统的运行成本与大型矿用汽车的运输成本相比，成本优势不十分明显；三是整车提升运输系统适用于载重量 100t 以下的矿用汽车、年采剥总量小于 2000 万吨的露天矿山。

根据技术的发展，利用整车提升运输工艺可以提升小型、中型、甚至大型自卸汽车。今后很可能在适合应用整车提升运输工艺的中、小型露天矿建设整车提升运输系统。

4.4　齐大山铁矿整车提升概念设计

以齐大山铁矿为例。齐大山铁矿为国内比较典型的深凹露天矿山，矿山设计采剥总量为 5100 万吨/年，其中矿石 1700 万吨/年，岩石 3400 万吨/年。为特大型铁矿山。其地表标高为 42m，最终露天底标高为 -450m（二期扩建后），整个采深将近 500m，可采用整车提升运输系统，见图 4-10。

考虑到矿山矿石运量小于岩石运量，且采场深部基本上为无剥离开采，因此设计只对矿石运输考虑设置整车提升运输系统。矿石运输设两套整车提升运输系统，相对于矿石破碎站位置，分别为北侧整车提升运输系统和南侧整车提升运输系统。两套系统同时使用，当整车提升运输系统向下延伸时，互为备用。

矿石破碎站位于采场上盘中部 -120m 上盘，采场采出的岩石由汽车运至破碎站，经破碎后由胶带机送至选矿厂。北侧整车提升运输系统位于矿石破碎站北侧，距破碎站 90m，北侧整车提升运输系统上部平台标高为 -120m，下部平台标高为 -270m，整个提升高度为 150m。南侧整车提升运输系统位于矿石破碎站南侧，距破碎站 270m，南侧整车提升运输系统上部平台标高为 -120m，下部平台标高为 -300m，整个提升高度为 180m。

整车提升运输特点：

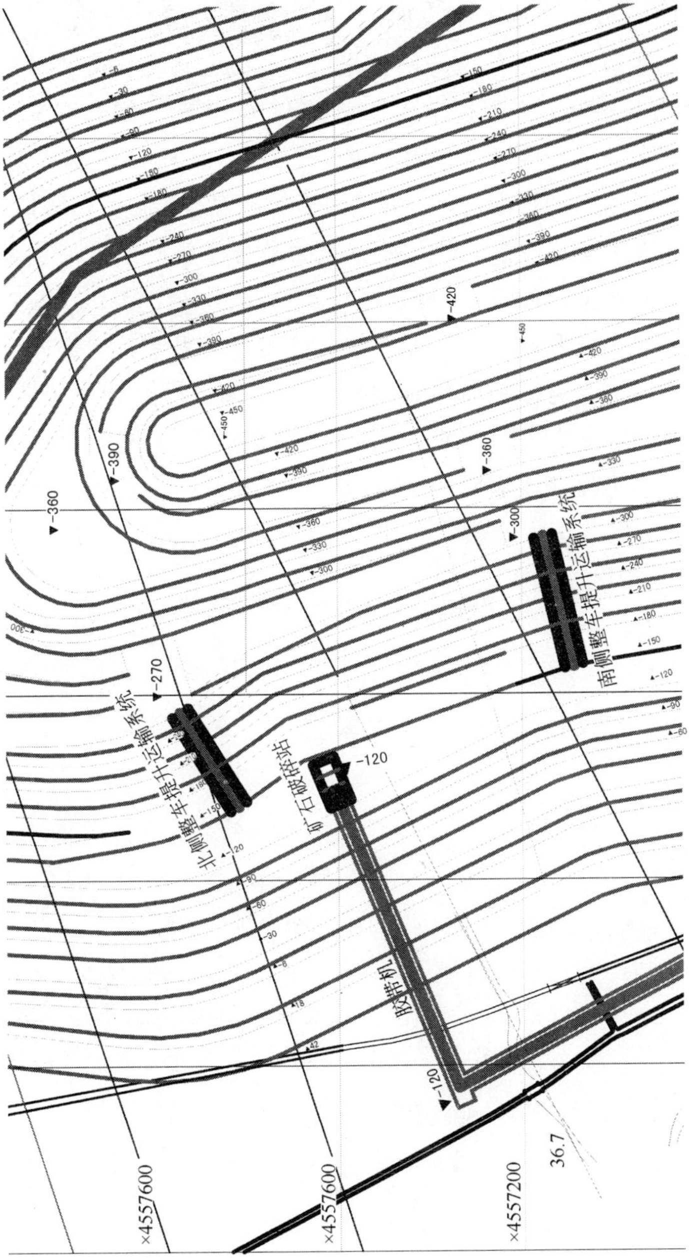

图 4-10 齐大山铁矿整车提升设计图

（1）可减少采场内汽车运距，可节省汽车运距2.0km，按矿石年运量1700万吨、汽车吨公里运费1.2元计算，可节省运费4080万元，同时还可以节省154t级汽车10台，每台汽车按1500万元计算，可节省汽车购置费1.5亿元。

（2）矿山生产管理复杂，齐大山铁矿设置整车提升运输后，其运输方式达到三种，三种运输方式的结合需要矿山提高自身的管理水平才能发挥最大效率。

（3）整车提升运输自身耗能较大，相对于采用其他提升设备的矿山来讲，它需要将电动轮汽车的本体也提升相应位置，按汽车自重为载重的75%计算，因此在消耗能源上比较大。

（4）整车提升运输向采场深部延伸比较复杂，且前期准备时间较长、建设工程量较大、建设时间较长。在矿山应用中需建设两套系统互为备用。

第5章 轻质气体平台低空运搬技术研究

露天矿采场运输方式分为汽车运输、铁路运输、带式输送机运输及由各种方式组合的联合运输方式等，目前国内外露天矿基本都使用以上几种运输方式中的一种，这些运输方式的工作过程可以概括为：通过铲运机、前装机或挖掘机将矿岩铲装至运输设备中，并经铺设好的线路运至坑外卸矿点或选矿厂，运输作业是露天矿开采工作的重要部分，运输系统的任何改变都会导致露天开采工艺的重大变化。

鉴于露天矿地面运输系统存在的诸多不足以及解决方案的不尽如人意，我们对于传统运输方式的提升空间已经越来越小，如果依然遵循固有思路，将难以有更大的进步。于是我们突破常规，提出了轻质气体（氦气、氢气）平台低空运搬系统，利用轻质气体气球提供的巨大升力将矿岩提至空中并进行运输，变矿岩的地面运输为空中运输，这将取得巨大的经济效益和社会效益。

5.1 简介

5.1.1 轻质气体平台低空运搬的基本原理

轻质气体气球是一种利用充入密度远小于空气的轻质气体

所产生的浮力来克服其自身重量及载重重量的浮空装置。它利用系留缆绳及自身的净浮力可实现长时间定点滞空，具有连续滞空时间长、生存能力强、研制与使用成本低、维护方便、适于搭载各种载荷系统等特点。巨型轻质气体气球在进行大型、超重型物品的运输时，具有其他运输工具不可比拟的优势。

用于填充气囊的轻质气体主要是氦气和氢气。下面以氦气为例说明轻质气体平台低空运搬的基本原理。

氦（Helium）为无色无味不可燃气体，化学性质完全不活泼，通常状态下不与其他元素或化合物结合。氦气比空气轻很多，广泛地应用于飞艇和气球，以取代有高度可燃性的氢气。氦气密度为 0.1786kg/m^3（0℃、1atm），相对密度 0.14（空气 =1），物理性质如图 5-1 所示。

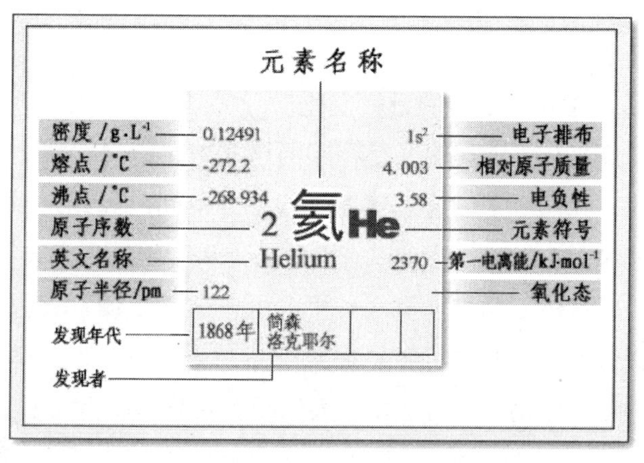

图 5-1 氦的物理性质

氦气平台低空运搬技术就是利用大型充氦气球的巨大升力，将装有矿石的料斗提至空中，这样利用很小的动力就可以在空中将料斗牵引至指定位置（选矿场、排岩场等）。巨型系留气球所产生的浮力可以克服其自身重量及要提升的矿石重量，在提升矿石前，利用系留缆绳的拉力固定氦球，装好矿石后，逐渐放松系留缆绳，氦球的浮力便可将矿石提起，之后再将料斗牵引至指定位置。

非工作状态：

$$F = Q + S_1 + Z$$

提升矿石状态：

$$F = Q + S_2 + M + Z$$

式中 F——系留气球的升力；

Q——系留气球的自重；

S_1——静止状态系留缆绳的拉力；

S_2——运动状态系留缆绳的拉力；

M——矿石重量；

Z——料斗重量。

5.1.2 轻质气体平台运输系统的优势

利用轻质气体平台进行矿岩的空中运输，相比于地面运输有以下诸多优势：

（1）减少地面设施。利用轻质气体系留气球将矿石提起至空中进行运输，只需要较少的地面设施，如系留装置、监控站等，没有地面运输线路的设置，减少了土地占用。

（2）替代卡车等运输设备，节省了大量卡车购置、维护费用。

（3）缩短运输距离。空中运输为直线运输，不受地形影响，空中运输速度也高于卡车运输。不仅运距短，运输时间也短。

（4）改变采矿工艺，减少剥岩量。空中运输可将露天矿开拓工程简化，减少剥岩量，从而大量降低生产成本。

（5）减少人力投入，减少能源消耗。轻质气体系留气球可实现远程遥控和 GPS 定位，节省人力且保证了安全性。空中运输所需动力大大减少，降低了卡车运输所需的柴油等能源消耗。

5.2　氦气球与飞艇发展现状

轻质气体气球与飞艇统称为浮空器。浮空器一般是指密度轻于空气的、依靠大气浮力升空的飞行器。在电子和军事领域，一般不将热气球划在浮空器范围内。此外，空间飞艇不一定依靠浮力。

轻质气体气球为系留气球，一般没有动力系统，依靠系留缆绳与地面设备或站点相连接；飞艇有动力，可在遥控或自动控制下自主飞行。

按照结构，飞艇可分为软式飞艇、硬式飞艇和混合结构飞艇。

按照飞行高度，飞艇可分为一般飞艇、平流层飞艇、近空间飞艇和空间飞艇。

5.2.1　飞艇技术的发展现状

飞艇是由动力推进的轻于空气的航空器，也是浮空器的一种，是利用轻于空气的气体（氢气、氦气、热气等）提供升力。飞艇主要由流线型艇囊、控制用的固定和活动尾翼、乘员或乘客用的吊舱以及推进系统构成。按早期的结构分类方法，飞艇可分为硬式、半硬式和软式结构。现代飞艇技术已经模糊了原先的定义，现代飞艇主要按用途进行分类，分为无增升类型、部分增升类型和全增升类型[39]。

5.2.1.1 飞艇发展简史

飞艇起源于1784年法国，在第二次世界大战前已得到了发展及军事和商业方面的广泛应用。和其他飞行器相比，飞艇经历了从无动力到有动力推进，从无人到载人，从近距离飞行到远程飞行，从低空到高空的发展，并在发展中积累和形成了关于飞艇这种飞行器特有的技术：飞艇蒙皮制作和抛锚、系留技术等。由于1937年“兴登堡号”事件及飞机和直升机的迅速发展，飞艇逐渐退出航空舞台。随着航空技术、材料技术的发展和其他关键技术的突破及20世纪60～70年代出现的石油危机，在突破老式飞艇技术性能差、安全性能差的缺点后，现代飞艇这一节能的飞行器又迎来了新的发展和应用。目前世界各国飞艇的生产企业主要侧重广告、航拍、旅游观光、大载重运输等低空飞艇的研制生产，另有国家的政府机构趋向大的飞艇制造厂商和科研机构投资进行高空军用飞艇或超大载重飞艇的研制生产。美国、俄罗斯、英国、日本等国对飞艇的研制生产走在前列。我国华教公司于2004年第一次通过了首个中国飞艇的适航认证，其后又有北京北航龙圣飞行器公司。目前我国有20多家飞艇生产企业和科研机构[40]。

5.2.1.2 飞艇的特点及用途

由于飞艇与飞机相比飞行速度较低（飞艇速度一般不超过140km/h），起降场地简单，不需要长距离跑道，与直升机相比，载重量大，定点时燃油消耗率极小，所以飞艇可以作为高速和高耗能飞行器的补充，可用于远距离运输、极地探险、石油煤矿勘探、抗灾救险、实况转播、航拍、广告作业等民用领域；也可用于搜救、海岸警卫等军用领域。飞艇与卫星相比主要占有经济方面的优势，又因与卫星相比，其驻空高度低，接收和发射信号的延时短，所以飞艇可以充当卫星完成中继转播、侦察、探测气象等任务。飞艇也有自身的不足，如飞行中对定点和行进的控制、对气囊充气和放气的控制、飞艇回收和修复等技术还没有很满意的理论和大量实践上的指导。综上所述，凭借留空时间长且耗能少的优势，飞艇具有巨大的经济、军事应用前景和发展的空间。

5.2.1.3 现代飞艇的发展现状和发展趋势

飞艇在运行中存在的问题主要是这种轻于空气的航空器靠充入气囊中的浮升气体而得到空气的静升力，因而体积相比重于空气的航空器要大很多。飞艇吊舱及其他附属物的分布主要考虑飞艇纵向和竖向平面内的平衡，对于常规飞艇外形，其外部的气动升力相对于静升力可以忽略。

为了克服飞艇体积大而难于操纵的困难，发挥其留空时间长而耗能少的特点，目前，世界各国都在开展将空气静升力和空气动升力相结合和混合式飞艇（也称组合式飞艇），典型的有飞艇+飞机组合，飞艇+直升机组合，还有20世纪70~80年代英国、美国、法国等国飞艇公司所设计构想、实验或投入使用的飞艇外形，如扁平体飞艇、多艇一体飞艇、透镜状飞艇、箭状飞艇等。组合式飞艇主要用于大载重、远距离运输，依靠飞艇艇囊和其他部分的静升力平衡其自重，利用机翼或直升机产生的气动升力来提升重物，这样飞艇的体积大大减小，操纵性能得到改善，也大大提高了有效载荷（单个直升机气动升力可达20t，其自重占11t）。各种形式的组合式飞艇目前还处在研究阶段，笔者没有查阅到正在使用中的组合式飞艇。英国 Skycat

飞艇如图 5-2 所示。

图 5-2　英国 Skycat 飞艇

组合式飞艇集空气静力与空气动力于一身，其研究发展的困难在于飞艇艇囊的其他构件（如机翼）的连接，对于常规飞艇，艇囊大多为软式结构（硬式低空飞艇终止于第二次世界大战前），结构质量较轻、强度小，若是连接机翼或多个螺旋桨结构，其复杂性和结构质量将大大增加，且流场模拟分析比较困难。

利用飞艇长时间留空的另一个发展方向是高空飞艇，美国和日本的高空飞艇研制走在世界前列，美国导弹防御局于 2003 年委托克希德 · 马丁公司研制高空飞艇，日本用于环境监测、通信和广播领域的高空平流层飞艇已研究多年。高空飞艇面临的主要问题是能源问题、热问题等，目前，虽然有相应的技术改进，但是还不能令人满意。

A　低空飞艇的研究现状和发展趋势

低空飞艇是指运行于大气中对流层区（距海平面约 18km）的飞艇，与第二次世界大战前的飞艇相比，其明显的改进是发动机台数由原来的 3 ~ 8 台减少到现在的 2 ~ 3 台，这主要归功于单台发动机功率的提高，有效载荷比率也得以提高。基于高强度、轻质材料和飞艇蒙皮制作技术的改进，现代低空飞艇大多采用软式结构。不论是无增升类型、部分增升类型还是全增升类型，对于低空飞艇，除了要有足够的艇囊体积提供静升力外，设计一个好的流线型外形以减少空气阻力，从而减少发动机的燃油消耗率。

另外，低空飞艇主要用于民用领域，也有的用于低空雷达预警等军事领域。所以低噪声是一个设计目标。在欧洲有两个知名的厂家——WDL 公司和齐柏林飞艇工业公司。在美国，目前有 7 家从事飞艇运营的公司，主要是乘客运输，最大吨位是 2t 量级。目前，我国从事飞艇研究、生产的单位有 20 多家，但其中集设计、研制和生产能力于一体的单位却只有三、四家。

用于载人的低空飞艇主要有两个发展方向：巨型化和小型化。美国和俄罗斯目前都在研发巨型载人飞艇，美国大型飞艇效果图如图 5-3 所示。俄罗斯将研发可搭载 400 ~ 600 人的超大型飞艇，我国特种飞行器总体技术设计部借鉴俄罗斯巨型飞艇技术，将设计运载能力目标定位在 1000 人的超大型飞艇。美国世界航空公司开发的小型化家用飞艇可搭载 3 人，具有操纵简

图 5-3 美国大型飞艇效果图

便灵活、飞行速度快等优点，具有可开发的市场潜力。

用于货物运输的飞艇趋于超大载重的巨型化和组合式飞艇的设计。美国有海象计划，英国和德国分别提出了“skycat”计划和“货物起重机”计划。我国和其他国家也在加紧这方面的研究工作。国外提出有“旋翼浮升式飞机”、“飞航浮升式飞机”、“盘翼浮升式”和“旋翼浮升式”组合方案。对于低空举行飞艇和组合式飞艇的主要设计目标是大载重、飞行速度和航程等。

B 高空飞艇的研究现状和发展趋势

高空飞艇是指平流层飞艇或近太空飞艇，高度为 20 ~ 100km，由于高空空气密度约为近地面的十几分之一甚至更少，体积巨大是高空飞艇的显著特点，高空飞艇半硬式应用较多。相对于低空飞艇，其定点任务决定了对其流线型外形要求不高。高空飞艇在国土防御、解决局部危机或冲突、采集大气样品等有重要作用，并可作为低耗能的卫星使用。

近些年，国内外掀起了平流层平台开发的热潮：美国导弹防御局已经着手制造的导弹防御高空飞艇（HAA），可运载 1814kg 的任务设备，到达约为 20km 的准静地轨道高空并停留一个月甚至一年的时间。德国斯图加特大学正在实施一项名为“高空飞行平台”的飞艇项目，飞行高度为 20km，载荷能力为 1t。2002 年 1 月，日本航空宇航技术研究所提出利用同温层飞艇平台作为伪卫星以代替 GPS 承担卫星导航和定位的功能。以色列、加拿大等国也设计了平流层通信飞艇。2006 年，我国将平流层飞艇作为未来一段时间重点发展的科技项目。2007 年 3 月 30 日，航天科工集团公司成为欧盟 VEATAL 计划（飞艇国际合作计划）指导委员会正式成员[40]。

C 超大型飞艇

美国肯尼迪航天中心在20世纪60年代就研制出600~2500m^{3}的BJ系列系留气球，升空4000m和6000m。另一种研制的2PG-2型充氦气球（软式飞艇）可一次连续飞行264.2 h。美国哥伦比亚TCDML. P公司研制的用于海岸监视和执行空中监测任务的充氦气球可以定点浮空停留4个星期；美国导弹防御局（MDA）负责开发的，用于监视和通讯中继用的高空充氦飞艇（HAA）长约152m，直径49m，容积145000m^3，可持续飞行4个星期。2003年雷神公司为美国陆军制造了一种快速飞艇，留空时间（飞行时间）为4个星期[41]。

2004年，美国军方研制的"Skycat"充氦飞艇则为超大型充氦飞艇，飞艇的载重量1000t，这种重型飞艇可以在一个航程（2d）内从美国本土向欧洲运送两个摩托化步兵营（包括全部人员和作战装备）。10艘这样的飞艇则可以在一个航程内将美第82空降师运送至欧洲。另外，由于"Skycat"重型飞艇体积庞大，所以在运载主战坦克、重型火炮以及重型直升机时最为合适，这也是其他运输工具所不具备的优势[42]。

在20世纪90年代中期，法国就保持长期发放350000m^{3}气球的水平。为了解决国内大型构件的运输问题，法国France Electrical Company研制了一种"大力神"充氦飞艇，艇体为圆盘形，直径235m，体积1500000m^3，有效载重量900t，飞艇飘浮在空中时，用缆绳系于地面，艇体切口处为充氦气囊，共有96个独立的三角形充氦气囊。图5-4示出了"大力神"充氦飞艇结构图。

美国导弹防御局高空飞艇HAA（High Altitude Airship）。该项目的实施由美国导弹防御局MDA（Missile Defense Agency）牵

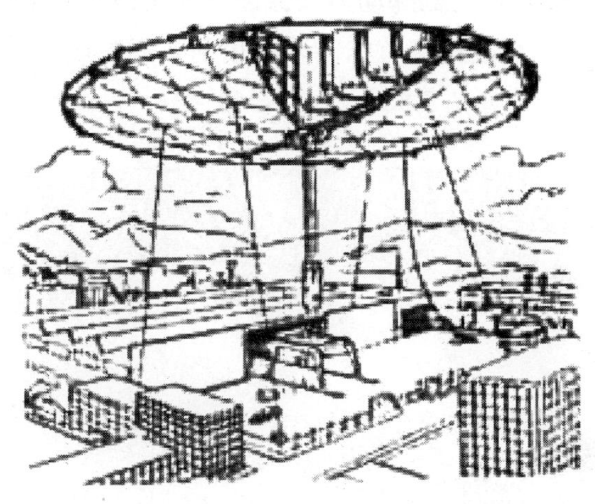

图 5-4 法国“大力神”充氦飞艇结构图

头从 2002 年 10 月开始进行，按其导弹防御系统构想将有 10 艘飞艇分布美国太平洋沿岸和大西洋沿岸。每艘飞艇将配备先进的可覆盖直径为 1200km 圆形区域的监视雷达和其他传感器，对任何来袭的洲际导弹和巡航导弹提供预警。HAA 飞艇可运载 1814kg 的任务设备，在地面指挥站的控制下到达约 20000m 的准静地轨道高空并停留 1 个月甚至 1 年的时间。

2005 年底洛克希德 · 马丁公司获得 1492 亿美元合同开始制造 HAA 原型机。HAA 飞艇长 1524m，直径为 487m，容积 $15 \times 10^4 m^3$。其主体结构使用柔韧的纤维复合材料，既轻便又结实。其表面由高强度重量比织物材料覆盖。HAA 飞艇高度自动化，其飞行控制同传统的软式飞艇十分相似，工作原理同填充氦气的普通飞艇。飞艇上安装有 4 台电动螺旋桨发动机（飞艇两侧各有 2 台），为飞艇提供动力。HAA 飞艇表面安装的薄膜光电电池组可吸收太阳能，除可产生推动飞艇前进的部分动力外，还可提供大约 10kW 的额外动力以保证飞艇搭载设备的正常使用。另外，HAA 飞艇还配备有能循环使用的氢燃料电池为其提供紧急情况下使用，如图 5-5 所示。

图 5-5　美国洛马公司 HAA 飞艇概念设计图

美国空军“攀登者”军用飞艇。美国空军支持“攀登者”的近空间军用飞艇研制计划，其样品已经问世。即美国 JP 航空航天公司制造的“攀登者”飞艇，如图 5-6 所示。其外形为 V 形，全长 53m，宽 30m。安装有两台由燃料电池驱动的螺旋桨推进器，并由 GPS 系统进行导航。该飞艇舱内充气气体为氦气，携带的控制系统可调节各舱室间的氦气容量，以进行空中机动。2003 年 11 月间，“攀登者”（未携带任何设备）开始被释放到 30000m 的高空进行初期验证试验，并能在地面控制下返回基地。该飞艇是 JP 航空宇宙公司与美国空军合作项目。公司正在进行研究的另外两个项目是“轨道攀登者”飞艇和“黑暗空间站”高空漂浮飞艇平台。

图 5-6　“攀登者”巨型军用飞艇

英国将飞艇应用于军事较早。2000 年 11 月，英国国防评估与研究局（DERA）与英国轻型飞艇集团公司研制成功的 LGA60 + 飞艇，曾携带一部超宽带合成孔径雷达，在科索沃地区首次实战部署，执行扫雷任务，成效显著。2000 年 6 月 28 日。英国先进技术集团公司（ATG）试飞两种名为“天猫”（SkyCat）的飞艇。即“天猫”100 和“天猫”200。前者可运送一架 CH-47 和一架 AH-64 直升机（无须拆除直升机的旋翼），或能运输 12 ~ 16 辆主战坦克、相关的后勤设备和人员；后者的运载能力为现役 C-17 运输机的 3 倍，达到 200t，飞行速度为 180km/h，飞行距离达 7000km。此外，先进技术集团公司还提出实施“斯特拉赛特”（StratSat）稳定式近空间无人飞艇的发展计划，悬停高度为 19500m，载荷能力达到 1000kg，飞行速度为 100 节，能执行长时间（5 年）的监视任务。

德国卡尔戈莱伏特飞艇公司在 20 世纪 90 年代末提出“卡尔戈莱伏特”（Cargo Lifter）的巨型运输飞艇，其载荷能力达到

160t。德国斯图加特大学正在实施一项名为“高空飞行平台”的飞艇项目，飞行高度为20000m，载荷能力将达到1000kg。准备采用太阳能作为动力。

法国是发明世界上第一艘飞艇的国家。近年来，法国海军把“天舟”600飞艇用于近海巡逻。法国爱尔俄协会正在发展“艾威”（Avea）飞艇，其最大有效载荷达到500t，飞行高度为2000m。按计划，在2006年进行首次飞行，于2008年提供服务。该项目已引起法国国防部的注意[42]。

5.2.2 飞艇技术关键研究领域

随着科技的进步，飞艇逐步向大型化方向发展，并开始出现载重飞艇，在其发展过程中，需要解决大量的技术问题[40]。

5.2.2.1 飞艇运行过程中需要解决的问题

虽然飞艇与飞机或直升机这类重于空气的飞行器相比有很多方面的优势，但也存在飞艇运行特有的问题需要解决。

（1）体积大，对侧风比较敏感，难于操纵。因为飞艇主要是依靠轻于空气的浮升气体升空，所以体积大是飞艇外形的一个显著特点，特别是大载重飞艇。对于侧风引起的力矩，飞艇需要安装较大面积的尾翼及舵面平衡相应的力矩，并且对舵面的操作需要有较快的控制响应。由此带来结构强度及控制响应要求的提高。

（2）飞艇地面抛锚、系留的地面操作难度大。飞艇的锚泊受浮升气体管理、结构设计和地面操作的直接影响。地面操作困难最大，其一般是使用人力，为了解决飞艇锚泊过程中繁琐的困难，人们在总结以往锚泊经验的基础上提出了移动锚泊系统和固定锚泊系统以及低速控制技术。设备和控制技术的改进可以有效地简化锚泊的过程，降低操作的难度，但是还是会有问题出现，特别是对大载重飞艇。使用飞艇艇库对飞艇的操作更为艰难，应尽量避免使用艇库停放飞艇，因此为了使飞艇锚泊时能够抵抗预计的恶劣天气带来的载荷，要求飞艇要有足够的结构强度。

（3）对飞艇燃油消耗的重量补给技术还很不完善。飞艇在上升、巡航和下降的过程中需要消耗其携带的燃料，从而使自身的重量减少，如果在巡航和下降过程中重量减少，将会带来其升力的增加和力矩的不平衡，所以必须采取措施使其自身重量保持不变。实践中提出了多种重量补给方法和回收系统，但还有待进一步的完善。

（4）对大载重飞艇，单程运输需要等量的压舱物。由于飞艇外形基本不变，所以其能提供的升力也同样保持不变，在单程运输到目的地后，要有相应的等量压舱物作为有效载荷的补充。

（5）现代飞艇大多是选用重于空气的飞行器所使用的发动机，其效率受限于飞艇的低航速而不能达到较高的效率值。用重于空气的飞行器的发动机直接驱动推进器，而不经过中间变速箱，推进器的效率正常巡航时只可达到50%～55%。这是因为它们的输出转速是为了更高的重于空气的飞行器速度而设计，尤其是涡轮发动机。由于推进器性能与发动机输出转速和飞艇速度不相匹配，很多设计研究引用的安装效率远超出实际可达到的效率，为了获得最高的效率，要求发动机、推进器和飞艇厂商之间在设计早期阶段就要密切合作，以适应飞艇更低的巡航速度。

5.2.2.2　低空大载重飞艇的关键技术

低空大载重飞艇多采用的是组合式结构，设计此类飞艇需解决以下关键技术：

（1）总体设计技术。该技术包括：浮力体与升力面结合的总体布局设计研究；浮力体、机翼、机身、尾翼、推进系统等一体化设计技术；多学科优化技术。

（2）低阻力、静升力综合气动布局设计。该技术包括：动升力与静升力匹配研究；机翼与浮升体气动优化设计；稳定面与操纵面设计。

（3）大跨度先进材料轻结构设计技术。该技术包括：大跨度超轻结构总体布局方案研究；结构材料的特性与功能设计研究；大型复杂结构系统的静、动力强度与刚度的设计研究；复杂载荷环境下结构整体及多种连接结构细节的高可靠性与损伤容限设计技术；大面积裸露表面的环境防护与结构日历寿命设计技术研究。其中对前文提到的大体积飞艇的关键问题因为有组合飞艇的灵活性得以有效解决。

5.2.2.3　高空飞艇的关键技术

发展高空飞艇，建立飞艇平流层通信平台或者将飞艇用于从事大气数据采集任务等是世界各国发展和研究的热门方向，发展此类飞艇需要解决以下关键技术：

（1）自适应定点控制技术。高空飞艇一般为无人遥控飞艇，对飞艇的定点控制要求比较高，特别是携带高精密仪器，飞艇的运动和强度安全对仪器的工作状态有很大的影响。为保证设备的高精度要求，必须实现飞艇的高精度定位。

（2）高效轻质柔性太阳能薄膜电池技术。为完成长期定点任务，必须为飞艇提供持续的动力和飞艇所载设备工作所需要的电能，太阳能为再生式能源、无污染、使用时无重量损失，因此太阳能的利用是高空飞艇的发展趋势，即太阳能飞艇。美国空军研究实验室（AFRI）已授予数家公司航空太阳能电池研究合同。欧洲、日本、以色列等国都积极进行平流层太阳能飞艇的研究开发，目前已经进入实际的研制和试验阶段。目前我国应高空飞艇发展的需要对飞艇太阳能电池开展了初步的研究，例如施红、王海峰、鄢红陵等人的研究都阐述了高空飞艇太阳能电池的应用和设计方法。

（3）高比能再生燃料电池技术。作为飞艇的能源存储设备，从性能上讲，燃料电池优于普通电池，普通电池优于飞轮。为确保燃料电池的存储量并使其重量和体积不至于过大，选择或研发高比能的燃料电池至关重要。

（4）高性能囊皮材料的研制。由于高空飞艇要长期在低密度、高辐射、低温、低压的环境下运行，充填的氦气渗透性较高。因此，蒙皮材料必须要求具有高强度重量比、抗辐射、耐低温、低氦渗漏、抗撕裂和挠曲、高工艺性的特点。

（5）设备舱温度自动控制系统的研制。平流层气温较低（－50℃），所以需要对搭载在飞艇上的任务载荷进行温度控制，以保证任务载荷在高空低温环境下能正常工作。

（6）升空和回收控制技术。高空飞艇在驻空处风向和温度相对较稳定，空气无对流，风场均匀，无雨、雪、雷电等气象现象。但是在飞艇升空、回收过程中经过对流层时，会遇到大风、大雨等恶劣天气，再加上高空飞艇惯性质量大，又是柔性体，运动具有时滞性，其操作和运动特性相对复杂，需要调节艇内压力，逆风升降，使其较快地通过对流层，以保证其顺利进入工作状态或返回。

5.2.3 系留气球、飞艇的结构和材质

系留气球的基本结构由头锥、囊体、尾翼、设备或吊舱以及缆绳等组成。头锥是系留气球或飞艇与地面系留时的重要的承重部件；囊体则用于充注升力的气体（本书介绍的都是充注氦气）；尾翼（包括舵面）为气球提供稳定性和操纵性；设备或吊舱为飞行员及系统设备提供搭载空间；缆绳为系留气球定点系留提供约束力，此外，还可以为气球球载设备传输电能，也可为球载设备的数据传输提供光纤线路。气球球体和气室膜布一般采用 Tedlar 外覆层（防护层）、聚酯涂覆织物以及增强材料粘合层经层压而成。为了保证尺寸稳定，还须采用 Dacron 织物。为了防止氦气扩散，还须加上一层 Mylar 薄膜。当然，由于应用场合不同，系留气球球体材质结构会有所改变。例如美国 Shedahl 公司生产一种 CBV-250A 型系留气球，球体由 Tedlar 外覆层、Mylar 防氦气扩散层和 Dacron 涂覆织物构成，其球体结构和接缝结构[42]示于图 5-7。

5.2.3.1 系留气球、飞艇用增强织物

美国 Stars 和 Mark 等球体材料中的承力层系采用低支数、低密度的聚酯纤维织物，近年来，具有强力高、化学性能稳定、耐老化的合成纤维织物也是很好的选择。

5.2.3.2 防氦气渗漏层材料

美国系留气球的防氦气渗漏层采用了一种牌号为 Mylar 的聚

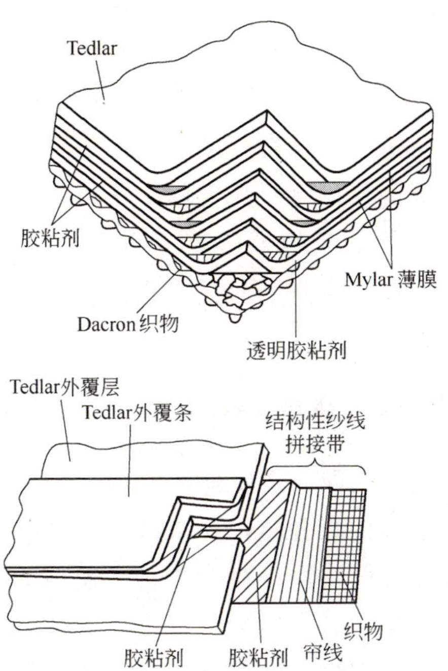

图 5-7 系留气球球体结构和接缝部位的结构

酯薄膜，其厚度在 0.02 ~ 0.03mm 之间，这种薄膜由于结构紧密，因而具有良好的抗渗透性，且不受大多数有机溶剂的腐蚀，耐老化性能好。

5.2.3.3 系留气球、飞艇球体保护层材料

充氦气球外保护层起到防止或减缓内层材料在使用过程中，受风雨侵蚀、防紫外线和臭氧对气球球体造成的损坏作用。这一保护层对提高充氦气球的使用寿命是很有益处的。根据文献介绍，美国 DuPont 公司生产一种牌号为 Tedlar 的含氟聚合物，它可作为气球的外保护层。这种含氟聚合物——

聚三氟乙烯（PVF），是一种在分子中引入高极性氟原子，有很高强度和适中弹性的高分子化合物，在老化箱里经18个星期老化后，其性能保持率仍然在60%以上。而同等的PVC性能保持率就下降到很低的水平了。另外PVF的耐磨性也很好，是普通的保护涂层强度的5倍以上，有很好的抗透气性。在室外使用的时间可达20年以上。对于某些气体而言，甚至还高于以气密性著称的聚酯薄膜，另外，它还具有良好的防污染性能。

5.2.3.4 系留气球用胶粘剂

胶粘剂是充氦气球、飞艇球体材料粘合用的材料，是结合球体材料各层间的媒介体，要求将聚酯纤维织物、聚酯气密层和外保护层之间牢固地粘合为一个整体。经多次曲挠后不得出现离层、脱层，同时耐天候性能也要好。相关文献还介绍了采用牌号为Hytrol的胶粘剂，其粘合强度达到0.069MPa以上。

5.2.3.5 充氦气球用缆绳

缆绳也是充氦气球系统中重要的组成部分。以往采用钢缆，由于钢缆很重，直接影响到了系留气球的有效载荷。近30年来，充氦气球和飞艇都采用Kevlar纤维制作系留气球用的缆绳。目前，汇集电气铜导线、光纤缆和保护层于一体的多功能复合缆绳代替了从前的钢缆绳。

5.2.4 我国浮空器的发展历程和技术现状

我国最早进行浮空器研制和使用的是中国科学院大气物理研究所，研究的目的是利用气球进行大气物理探测。南京航空航天大学在国内率先开展了航空载人飞艇的研究，开展了大量资料收集和分析工作，为后续的研制打下了基础。

1976 年，中国特种飞行器研究所开始浮空器方面的研制工作。中国特种飞行器研究所专门成立了飞艇研究室，进行飞艇总体参数选择、气动力设计、柔体结构强度计算等课题的研究，并根据多年的研究成果于 1985 年研制出我国第一艘无线电遥控飞艇，命名 FK1。1986～1988 年，中国特种飞行器研究所开展了气囊容积为 300m^3 的 FK2 遥控飞艇方案设计和 2600m^3 的 FK3 载人飞艇的设计工作。

至此，浮空器的研究由初期的资料收集、理论研究发展到飞艇设计、制造、工艺、材料等多学科技术力量综合发展的阶段，为开发载人飞艇打下了坚实的基础。1989 年，中国特种飞行器研究所联合 8 家厂所组建了华航飞艇集团，历经 15 个月的设计、生产、试飞，为第十一届北京亚运会研制了一艘充氦载人飞艇，飞艇型号为 FK4。这是我国航空史上的一个里程碑。它不仅填补了我国载人飞艇的空白，还为我国浮空器领域的研制积累了十分宝贵的经验。

20 世纪 90 年代，由于载人飞艇市场的限制，其研制工作基本局限于技术研究层面。近 10 年中，我国的无线电遥控飞艇得到了迅猛发展。中国特种飞行器研究所在此期间先后研制了 20 多种型号 100 多艘遥控飞艇，全国陆续成立了 10 多家研制遥控飞艇的研制单位。由于系留气球平台可以搭载多种任务设备系留于空中，进行数据采集与传输工作，在军用和民用领域具有极好的应用前景和使用价值，系留气球平台理论的研究工作也逐步开展起来。

进入 21 世纪，中国特种飞行器研究所于 2002 年完成了 FK 200 载人飞艇设计工作，并于 2004 年成功研制出我国第一个具有自主知识产权的移动式系留气球平台，填补了我国该项航空产品的空白。平流层飞艇属于浮空器发展的一个重要领域，这也是美俄日等航空发达国家正在研究的一个新领域。中国特种飞行器研究所密切关注国际先进技术动向，于2003年成功研制了平流层飞艇平台低空试验艇，经过试飞，各项技术指标均满足设计要求，并且达到了国际先进水平。

中国特种飞行器研究所作为国内浮空器的主要研制单位，经过30年的不断探索与发展，已掌握了无线电遥控/自主控制飞艇、中小型载人飞艇和系留气球平台的设计与制造技术。至今已研制多个系列的遥控飞艇、FK4型充氦载人飞艇、FK200型充氦载人飞艇、某型高空系留气球、FK1XS小型系留气球、某型飞艇平台低空试验艇。目前正在进行多种规格、不同用途的系留气球平台研制和平流层飞艇技术验证，所研制的产品基本覆盖了整个浮空器研究领域。中国特种飞行器研究所在国内浮空器研制领域始终进行着开拓性的研究工作，并取得了一个又一个丰硕成果，使我国浮空器的研制水平与发达国家的差距日益缩小。

目前，北京、上海、安徽和广东等地也在开展浮空器产品的研发工作。上海交通大学成立了浮空器研发中心。近几年来，载人飞艇和系留气球平台不断进入市场，产品类型也日益多样化。

我国自20世纪70年代中期开始浮空器的研究工作。由最初的课题研究、遥控飞艇研制，发展到今天，可独立进行载人飞艇和大型系留气球平台研制以及对平流层飞艇进行技术验证。30多年来，我国在浮空器总体设计、气动力计算、飞行控制、数据传输、升降与回收、材料工艺、任务设备等技术领域得到了全面的发展和提升，尤其是进入21世纪后，载人飞艇和系留气球平台的应用范围日益广阔，相继诞生了一些国有或民营的研究及制造机构，在全国已形成若干集设计开发、产品制造、销售与服务于一体的研发基地[43]。

随着科学技术的日益发展，浮空器的研制突破了以往技术的限制，使人们对浮空器的用途和能力重新进行评价，特别是现今严峻的形势使浮空器重新走向历史舞台，由此全球掀起了浮空器在应用领域的一场变革。

5.2.5 真空气球的设想

近年来，由于氢气球的安全性较差，氦气球成本较高，有人提出了真空气球的想法，即将气球内部抽成真空，并利用气球骨架支撑大气压力，已获得国家发明专利（200710046898.6）。

公知的气球内部气体压力高于外部气体压力，不能在气球内部完全是普通空气的条件下产生浮力。

该发明提出一种内部气体压力低于外部气体压力能在气球内部完全是普通空气的条件下产生浮力的气球。

使用时，用压缩机向骨架内部充填空气，用压缩机抽出气球内部空气。增加骨架内部空气压力，骨架承受球面压力，气球内部空气压力降低，密度减小，产生浮力，用于制作飞艇或提升工具。

该发明的有益效果是能在气球内部完全是普通空气的条件下产生浮力，比使用热空气或使用低于空气质量的气体产生浮力的气球，操作方便。

图5-8所示的真空气球，有密封表面1，表面1采用不透气的延伸率小的纤维织物按常规的方法由多片多边形粘合或缝合

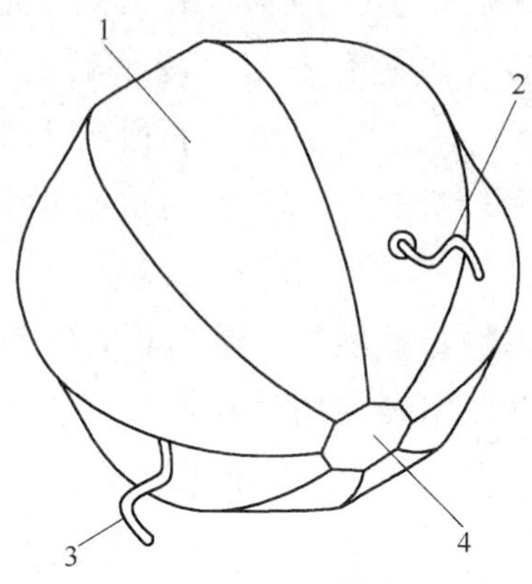

图 5-8　真空气球示意图

制成，有与外部相连的气管 2，气管上安装有单向阀，该发明在密封气球内部设置图 5-9 所示的骨架 6，骨架 6 采用不透气的延伸率小的纤维织物粘合或缝合制成，表面 1 覆盖在骨架 6 的外面，骨架 6 内部有图 5-10 所示的空腔 7，骨架 6 上安装有与外部相连的气管 3，气管上安装有单向阀，骨架 6 是多个骨架杆沿气球的一个回转轴线均匀分布，首尾连接相互贯通成整体，骨架

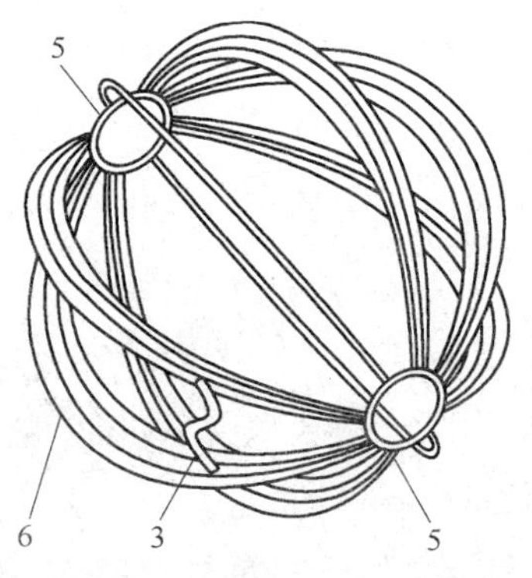

图 5-9　真空气球内部设置图

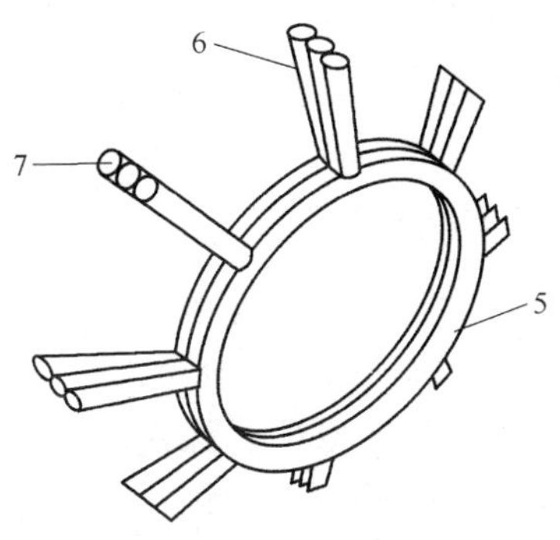

图 5-10 环形接头与骨架连接示意图

杆的外形是圆弧形。

上述真空气球的骨架 6 的内部空腔 7 如图 5-11 所示横断面是扁长形状，骨架 6 的纤维织物在 8 和 9 的位置用常规的方法粘合或缝合成多个圆弧条状空腔，粘合或缝合可以是断续的，多个圆弧条状空腔相互贯通，构成整体的内部空腔 7。

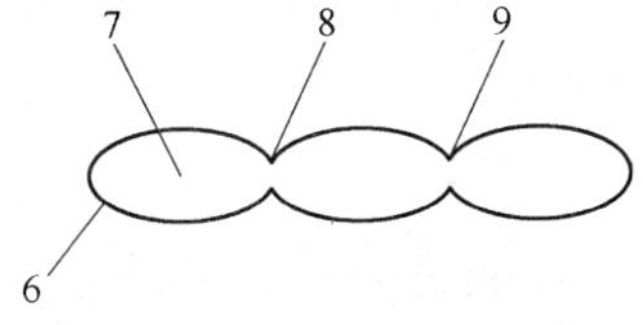

图 5-11 骨架内腔示意图

上述真空气球的骨架 6 可以如图 5-9 和图 5-10 所示有多个骨架杆与两端的环形接头 5 连接，环形接头 5 的内部也有与空腔 7 相同结构的空腔，与骨架杆的空腔相互贯通。表面 1 按骨架杆与环形接头 5 连接成的球形轮廓由多片多边形纤维织物 1 和设置在两端的两片多边形纤维织物 4 拼接构成。

上述真空气球的气管 2 采用常规能够承受负压的通气管，气管 3 采用常规能够承受正压的通气管，气管 2 上安装的单向阀按照由气球抽出空气的方向安装，气管 3 上安装的单向阀按照向骨架 6 送入空气的方向安装。

上述真空气球的外形轮廓可以是圆形，也可以是椭圆形或由曲线沿一条轴线回转成的回转体外形。

上述真空气球的多个骨架杆和环形接头 5 还可以是实心的刚性薄板。刚性薄板的材料可以采用碳纤维复合材料，不安装气管 3，不安装单向阀。

上述真空气球的骨架 6 和表面 1 的材料还可以是无纺布或其他薄片形状能够粘合或缝合的材料。

真空气球理论上可行，但如果想要真空气球飞上天并能够提供一定的升力，就得造出来一个足够轻的真空球，而这个真空球又不能够被周围大气的压力压扁。但就现在的技术水平和材料科学的发展来看，还不具备这种条件，随着科技的进步，也许以后能够实现，但从现在来讲，利用真空气球进行载重和运输的想法是不可行的[44]。

5.3　氦气平台低空运搬项目调研

为了解国内浮空器的发展现状和技术水平，深入认识氦气平台低空运搬系统所需要解决的问题和技术上的重点、难点，了解国内浮空器的主要研发单位和厂家的技术实力并寻找合作对象，课题组经过精心准备，确定了调研对象，赴上海、杭州、北京等地进行了十余天的调研工作，实地考察相关科研单位和生产厂家，并与其技术和管理人员进行座谈，充分了解了相关问题。

5.3.1 调研目的与调研方案

5.3.1.1 调研目的

（1）进一步了解国内外飞艇及系留气球的研究现状。

（2）了解国内具有较强实力的系留气球及载重型飞艇的生产厂家。

（3）探讨氦气平台低空运搬在技术、生产上的可行性。

（4）了解该系统方案在实施中可能遇到的问题及解决办法。

（5）了解氦气平台低空运搬技术的成本问题，了解氦气等原材料的来源及成本。

5.3.1.2 调研方案

（1）确定调研需要解决的具体问题，制定调研提纲。

（2）通过网络搜寻国内较有实力的厂家，确定初次调研的厂家和人员。

（3）根据初次调研结果，进行第二次深入调研，确定合作对象。

5.3.2 调研的工作过程与对象

5.3.2.1 调研的工作过程

（1）网络调研。首先通过网络搜寻国内制造飞艇和系留气球技术实力较强的厂家。查阅有关文献资料，了解飞艇与系留气球的发展现状。对浮空器的发展和现状有一个整体的了解。

（2）重点调研。根据网络调研结果，确定要具体调研的厂家，了解其具体情况，并与厂家通过电话、电子邮件等方式进行联系，询问其基本情况，为现场调研做准备。

（3）现场调研。2010 年 5 月 20 日至 6 月 5 日，课题组赴上海、杭州、北京等地进行调研，现场考察氦气飞艇生产厂家的实际情况，探讨项目的可行性。

5.3.2.2　调研对象

A　上海达天飞艇制造有限公司

上海达天飞艇制造有限公司是经中国民航总局批准，从事设计、制造、维修氦气载人飞艇的专业公司，属民用航空器生产企业。公司于 2000 年 5 月在上海市注册，注册资金 1000 万元人民币。上海达天飞艇制造有限公司的主要技术力量自 1987 年接触飞艇项目，1991 年开始论证和筹备，1994 年从美国引进第一架 A-60 + 型飞艇，在 1999 年 8 月制造出 CA-50 型氦气载人飞艇的样艇并试飞成功。公司 2000 年研制的 CA-80 型飞艇，是中国人完全拥有自主知识产权的软式氦气载人飞艇，主要采用了国际上的新技术、新设备、新材料、新工艺，于 2001 年 9 月试飞成功。

达天飞艇制造有限公司的强项是载人飞艇的设计与制造，载人飞艇技术国内领先，并拥有一些载人飞艇方面的专利技术。对于系留飞艇，曾经承担过载重 500kg、升空 5000m 的系留飞艇项目（见图 5-12）。其制作的碟形飞艇曾出口日本。

达天飞艇公司研制的 CA-80 型 001 号、002 号飞艇于 2005 年 10 月在南京“全国十运会”和 2006 年 1 月在上海“蓝天下的至爱”开始商业运营。

图 5-12 达天公司大型载重飞艇

公司研制的 CA-150 型 003 号飞艇已经完成了工程设计和气囊、吊舱等主要部件的制作。于 2008 年试飞成功安全飞行数十小时。公司研制的 CA-120M 型 004 号软式系留飞艇，已于 2002 年 7 月出口日本。公司与国内某科研单位共同研制的 CA-160M 型软式系留飞艇，于 2004 年 7 月完成样艇。005 号系留飞艇已于 2007 年 3 月放飞成功。上海达天公司载重飞艇（CA-200T 型）技术数据见表 5-1。

表 5-1 上海达天公司载重飞艇技术数据

艇 长	220m	最大起飞重量	614775kg
宽 度	113.80m	最大着陆重量	614775kg
艇 高	66m	最大载油量	100000kg
吊舱长	60m	最大空速	160km/h

续表 5-1

吊舱宽	12m	经济续航空速	120km/h
吊舱高	8m	最大续航时间	25h
气垫高	4m	最大爬升率	8m/s
气囊容积	600000m^3	最大下降率	5m/s
副气囊容积比	26%	最大俯仰角	±30°
静升力	593775kg	最大航程	3000km
空　重	300000kg	实用升限	3000m
最大允许静态余重量	21000kg	最大载重	200000kg
最大允许静态余升力	21000kg	发动机功率	230MW（31500hp）
艇　长	165m	最大起飞重量	187253kg
宽　度	80m	最大着陆重量	187253kg
艇　高	48m	最大载油量	36000kg
吊舱长	30m	最大空速	155km/h
吊舱宽	8m	经济续航空速	120km/h
吊舱高	4m	最大续航时间	25h
气垫高	3m	最大爬升率	8m/s
气囊容积	180000m^3	最大下降率	5m/s
副气囊容积比	26%	最大俯仰角	±30°
静升力	178133kg	最大航程	3000km
空　重	90000kg	实用升限	3000m
最大允许静态余重量	9120kg	最大载重	60000kg
最大允许静态余升力	9120kg	发动机功率	100MW（13680hp）

B 杭州千野飞行器技术有限公司

杭州千野飞行器技术有限公司，是一家以研发浮空器（浮空器是指利用氦气浮力作为主要升力的飞行器，例如各类飞艇、气球等）及其应用为主要发展方向的企业，专业从事飞艇和高空气球研发、生产、操作培训，并为广大客户提供现成的高空实验平台，以及相关配套技术的研究。

公司拥有浮空器领域的专业团队，在材料、机械、电子、飞艇气球的设计制造和系统操作等方面都有丰富的经验，致力于打造国内乃至世界顶级浮空器产业。

从超小型的室内飞艇到户外的常规及大型全天候飞艇和气球，飞艇和气球应用非常广泛，如商业广告、电力施工架线、电视转播、航空拍摄、城市公共安全、环境监测、地面探测、军事运输、海上超视目标定位、森林火情监控、边防/海防巡逻、遥感技术、交通检测、气象监测等。

千野飞行器公司的 30m 无人监视飞艇如图 5-13 所示。

图 5-13 千野飞行器公司的 30m 无人监视飞艇

其基本参数为：

全长：30m

直径：7.51m

艇高：10.8m

主气囊容积：956m^3

起飞总重：1050kg

有效载荷：180kg

最大飞行速度：85km/h

续航时间：5h

抗风级别：六级以下风力

最小转弯半径：30～50m

起飞/着陆距离：0～50m

空中部分主要有飞艇主体、电力系统、推进控制系统、通信系统与安全设备。

地面部门包含发射与降落场及地面控制站。

千野飞行器公司的 16m 无人巡逻飞艇（见图 5-14）的技术

图 5-14 千野飞行器公司的 16m 无人巡逻飞艇

参数为：

（1）几何尺寸：

艇长：16m

直径：4m

气囊容积：145m^3

（2）重量参数：

起飞总重：160kg

有效载荷：25 ~ 28kg

（3）性能数据：

最大飞行速度：70km/h

续航时间：4 ~ 5h

抗风级别：4 级以下风力

最佳视觉飞行高度：20 ~ 500m

最小转弯半径：10 ~ 20m

起飞/着陆距离：0 ~ 50m

C　北京龙圣联成航空科技有限公司

北京龙圣联成航空科技有限公司，简称 Lonsan United，是一家国际化、专业化的高新技术企业，已有 15 年以上的飞行器开发和应用历史，在浮空飞行器方面的技术水平居国内领先地位，与国外同类产品比较具有较强竞争力。目前，公司位于北京中关村地区北航大学科技园内，在北京密云工业区设有专门的测试和培训基地，依托北航学科综合、人才密集、科技力量雄厚之优势，致力于将飞行器技术与现代电子、计算机、通信、控制、遥感、遥测、遥控等技术有机结合，开发系列安全可靠、先进实用的智能化飞行平台系统，并提供专业的技术支持和服务。主要产品：智能浮空飞行平台系统 Intelligent Lighter-than-air

Flying Platform；遥控飞艇 Remote Controlled Airship；系留气球 Tethered Balloon；超轻型载人飞艇 Ultra-light Manned Airship 产品用途：公司的产品主要应用于低空对地观测和遥感、空中安全监控、新闻航拍及实况转播、空中广告宣传、空中科学试验、大气污染监测、武器系统试验和评测、通信中继、电力工程架线施工等。

典型案例：北京第十一届亚运会飞行表演宣传；出口法国、瑞士、土耳其、巴西、哈萨克斯坦、印度、新加坡等十多个国家，用于广告宣传和航空摄影等；北京第 21 届世界大学生运动会在国内首次使用智能浮空飞行平台系统在北京奥林匹克体育中心进行空中摄像和电视现场直播；在广州第九届全运会期间，国内首次作为空中安全监控智能浮空飞行平台系统对开幕式场馆广东奥林匹克中心、广州天河体育中心等体育场馆及主要交通线路进行实时的空中安全监控；与智能交通系统工程技术研究中心合作完成空中交通监视和巡逻的试验飞行；为工业部某研究所提供靶场监控用浮空飞行平台系统及配套红外热成像仪云台系统，并完成有关试验项目；为空间技术研究院总体设计部研发中心进行微波、激光探测设备测试飞行试验；为航天科工集团二院环境特性研究所提供空中监控试验用无人飞艇系统，用于对地面目标雷达反射特性研究；为武汉大学遥感信息工程学院开发低空摄影测量和遥感飞艇平台系统，用于低空航空摄影工程测量；为国内多家送变电施工提供专门的无人驾驶飞艇，在国家重点电建项目施工应用中取得了许多突破性成功，其中与甘肃送变电合作项目曾荣获省科技进步一等奖；为多种型号无人驾驶飞艇试验平台系统，取得多项重大试验成果。LS-S2000 型无人飞艇如图 5-15 所示。

图 5-15 龙圣联成航空科技公司 LS-S2000 型无人飞艇

LS-S2800 型无人飞艇（见图 5-16）是一种大型智能化浮空飞行器系统，有效载荷 300kg 左右，功能强大，可适应较高海拔高度（2000～3000m）飞行，适合于固定起降场地、较长航时、较大范围的多种任务飞行。富于创新、技术领先、性能超强，品质优秀，是公司目前载荷最大的无人飞艇产品。

图 5-16 龙圣联成航空科技公司 LS-S2800 型无人飞艇

LS-T200 系留气球（见图 5-17）是一种由缆绳拴系并能持续留空的小型浮空器，相对 LS-T120 而言，在同等任务载荷情况下可适应较高海拔（1000～1500m）地区使用，在低海拔地区使用时由于载荷相对较大，功能扩展性较好。主要适用于定点较长时间连续的空中安全监控、通信中继等用途。

图 5-17 龙圣联成航空科技公司 LS-T200 系留气球

D 中国电子科技集团公司第三十八研究所

中国电子科技集团公司第三十八研究所（以下简称 38 所），1965 年建于贵州，1988 年底整体迁建合肥市，是国家一类研究所。拥有国家级集成电路设计中心、俄罗斯新技术研发中心、中电科技集团公司浮空平台研发中心、安徽省汽车电子工程研究中心、安徽省公共安全信息技术重点实验室、安徽省北斗卫星导航重点实验室、合肥公共安全技术研究院、两个博士后科研工作站等研发平台。四十多年来，共取得 1500 多项科研成果，其中国家级、省部级科技进步奖 137 项，多项成果填补国内空白、居于国际领先地位。拥有安徽四创电子股份有限公司（中国雷达第一股，600990）、安徽博微长安电子有限公司、华耀电子工业有限公司、中日合资华耀田村股份公司四家产业化公司。图 5-18 所示为中电 38 所研制的飞艇。

2010 上海世博会上所使用的“车载系留气球监测系统”，是由上海市民防办公室于去年 1 月委托中国电子科技集团公司第三十八研究所研制生产，专门用于对世博园区情况进行实时

图 5-18 中电 38 所研制的飞艇

监控。这是我国第一个用于公共安全领域的系留气球产品，属世界领先水平（见图 5-19）。

图 5-19 中电 38 所为上海世博会研制的飞艇

漂浮在世博园上空的这个气球长 31m，容量达 1600m^3，长度接近一架波音 737 客机的机长。气球监控系统（见图 5-20）被布置在特定区域。利用图像监控功能可实现昼夜连续监测，

图 5-20 上海世博会车载系留气球监测系统

能观测地面、低空、水域的移动目标和人群活动情况，并实时将拍摄到的各类图像通过光纤、微波传到地面指控车，同时传送到上海市政府应急指挥室、应急联动中心（110）、世博会总控中心、民防指挥中心等单位。

5.3.3 调研的主要成果

此次调研工作历时数十天，成果丰富，充分了解了国内浮空器的发展现状、氦气平台低空运搬方案所需要解决的主要的问题和技术重点、难点，了解了国内浮空器的主要研发单位和厂家的技术实力等。

5.3.3.1 关于氦气的特点、赋存与制备方法

A 氦气特点

氦气为无色无味不可燃气体，空气中的含量约为百万分之

5.2。化学性质完全不活泼，通常状态下不与其他元素或化合物结合。理论上可以从空气中分离抽取，但因其含量过于稀薄，工业上从含氦量约为0.5%的天然气中分离、精制得到氦气。

氦（Helium）源自helios，意为“太阳”，1868年发现。几乎世界上所有的氦气都是由美国的天然气井中提取的。它比空气轻，广泛地应用于飞艇和气球，已取代有高度可燃性的氢气。液态氦因其沸点特别低而成为低温学领域的无价之宝。

B 赋存

氦要么是由太阳的核聚变过程所产生，要么是由陆地岩石缓慢而稳定的放射性衰变所产生。不存在人工制造氦的方法，世界上几乎全部的氦储备都是天然气提取过程中的副产品，大多是在美国西南部大型石油和天然气田中采集得来的。在历史上，美国西南部的石油和天然气田有着最高的氦浓度。

氦气最主要的来源不是空气，而是天然气。原来氦气在干燥空气中含量极微，平均只有百万分之五，天然气中最高则可含7.5%的氦，是空气的一万五千倍。可是这种高氦的天然气矿藏并不多，因为天然气中的氦气是铀之类的放射性元素衰变的产物。只有在天然气矿附近有铀矿时，氦气才能在天然气中汇集。这种鱼与熊掌兼得的美事有一半多都被美国占去了，现在美国生产的氦气要占世界总产量的80%以上。中国虽然也有一定的天然气资源，可是到目前为止，唯有四川自贡威远的气田曾得到提氦利用，其中的氦含量只有0.2%，而且现在已经枯竭。今天中国的氦气几乎都需要进口。

我国为贫氦国，氦气总储量为20亿吨，若在我国进行氦气提纯，成本较高，因此氦气一般从美国进口液氦，国内进行封装，而美国对中国氦气限制很严重，氦气原料问题需要慎重考虑。目前国内生产氦气的厂家有 3 ~4 家。分布在北京、上海等地。

C 氦气的制备方法

氦气的制备方法主要包括：

（1）冷凝法：天然气提氦在工业上采用冷凝法，该法工艺包括天然气的预处理净化、粗氦制取及氦的精制等工序，制得 99. 99% 的纯氦气。

（2）空分法：一般采用分凝法，从空气装置中提取粗氦、氖混合气，由粗氦、氖混合气制纯氦、氖混合气，经分离及纯化，制得 99. 99% 的纯氦气。

（3）氢液化法：工业上采用氢液化法从合成氨尾气中提氦。该法工艺是低温吸附清除氮、精馏得到粗氦，加氧催化除氢及氦的纯化，制得 99. 99% 的纯氦气。

（4）高纯氦法：将 99. 99% 的纯氦进一步用活性炭吸附纯化制得 99. 9999% 的高纯氦气。

从矿物中提纯氦：在很多矿物中均含有氦，目前尚无成熟的从矿物中提纯氦的方法，应加强此方面的研究。

D 本运输系统对氦气的需求

$1m^3$ 氦气能够提供约为 1kg 的升力。硬式飞艇自重与载重之比在 1∶1 以上。即提重 100t，则氦气升力需要达到 200 ~300t。需要 $20 \times 10^4 \sim 30 \times 10^4 m^3$ 氦气提供升力。

氦气可分为三种：纯氦；工业氦；介于两者之间的氦气（国家标准中没有）。浮空器用的一般是第三种。

氦气价格约为 1000 元/瓶（$5m^3$）。即每 $1m^3$ 氦气约 200 元。平常用的鱼雷罐车可装载氦气 $4000m^3$。

由于本项目氦气需求量很大，可以考虑自建氦气的封装基地，从国外进口液氦，国内封装，建设氦气封装厂需要至少几千万的投资。其优点是可以降低今后使用氦气的成本，不受其他厂家限制。

氦气泄露量为每 $1m^2$ 每天泄露约 0.1L，需要不断补气。可以使气囊浮在空中通过管道进行加气。浮空平台升降过程中，系留绳索和充气管道都可以卷绕，并配有储存装置。常规的充气管道长 40m，可以定制例如长 500m 的管道。成本并不高，使用高压气罐车充气。

载重 1.5t，容积 $1.2 \times 10^4 m^3$ 的飞艇中，每天需要补气 $300m^3$。

氦气也可从石岩等矿物中进行提取，在技术成熟的条件下可以进行国产化，由于国外氦气资源丰富，进口也可以满足要求。

5.3.3.2 关于氦气球的容量、用途、生产厂家等

A 浮空平台升空高度的限制问题

若飞艇升空在城市周围，会受到航空方面的升空高度限制。若在二级城市或偏远地区，申请为公益即可，不受升空高度的限制。可根据机场航路图，避开飞机航线。

B 浮空平台形状问题的探讨

如果不需要迎风，即对飞艇的方向没有什么要求，可做成碟形。

达天飞艇制造有限公司曾在日本北海道完成过碟形系留飞艇的制造与升空，直径 30m，高 15m，由 8 根绳索（8 个卷扬机）固定。

碟形系留飞艇的最严重的问题：遇风稳定性差。蘑菇形飞

艇的抗风能力较好，飞艇中间需要有主缆绳。也可将飞艇做成球形，其好处是减小飞艇表面积。

达天飞艇制造有限公司可提供几种技术设计方案，并列出所需的主要材料及价格供选择。可以按照法国提出的大力神系留飞艇的思想来制造。

飞艇体积约为 $20\times10^4\sim30\times10^4\mathrm{m}^3$，盘形直径大约400m。

C 浮空平台的类型选择

载重100t的飞艇的体积相当巨大，必须有硬式骨架，理论上软式飞艇直径不超过15m，一般直径超过12m的气囊就需要加骨架，否则气囊材料撕裂强度不够。需要在气囊中加碳纤维骨架，损失重量，保证强度。

采用多气囊组合的方式，从技术上更容易一些。但会增加飞艇的整体自重，增加飞艇表面积和气囊材料的使用量。一个单体气囊由主气囊、副气囊、鼓风机、放气阀门等装置组成，麻雀虽小五脏俱全。单个气囊越多，附属装置越多，损失的重量就越大。且多气囊组合中，各个气囊都是圆形，不容易集成，使用钢结构框架则自重太大。

每一个囊体必须包括一个副气囊，副气囊中充入空气，用于主气囊调节压力。

遇到风的时候有可能只有一个绳索受力，要求其承受能力很大。风停时，气囊突然弹回，对绳的拉力要求很大。因此多点系留是否可行，还需要论证。

D 气囊使用年限及维护所需时间

气囊维护主要是补充氦气，气囊可以长时间滞空。气囊内的气压可自动检测，低于一定值时自动供气。氦气可以回收，有氦气回收机。需要有氦气回收提纯的设备，保证氦气纯度保证提升力。

紫外线对织物的损伤最大，若使用美国进口的防紫外线织物，使用年限为5~8年。

E 气球的气门阀生产厂家

气囊阀门都是标准件，国内即可生产，原料充足。

F 国内较有实力的厂家

中电集团第38研究所（合肥）（目前国内较为领先的浮空器研发单位）、中国航空工业集团第605研究所（荆门）、中国科工集团（长沙）、中科院（北京）光电研究院、上海达天飞艇制造有限公司。

G 载重型浮空器发展现状

俄罗斯曾提出了使用飞艇进行长距离运输贵重矿物的想法，提重40t，行程3000km，还未成功。

到目前为止，世界上没有制造成功载重超过5t的飞艇，曾经提出的5t载人飞艇，价格9000万元人民币。使用进口材料，原材料需要约4000万元。

国内目前能够制造体积几千立方米的气囊，在技术上已经较为成熟。

目前国内最大的飞艇载重1.5t，长度70m，容积$1.2\times10^4m^3$。

5.3.3.3 浮空平台所需要解决的主要技术问题

（1）抗风问题。抗风问题是系留飞艇所需解决的最重要，也是最困难的问题。飞艇需要留出 5% ~10% 的载重量来拉紧飞艇，用于抗风。飞艇体积越大，抗风问题越严重。

系留飞艇一般可以抵御八级风。中电集团第 38 研究所称其飞艇可以达到抵抗 35m/s 风速。

（2）防雨、雪问题。抗雨较容易解决，抗雪则需要在顶部添加电热丝等加热设备，使雪融化。

（3）浮空平台的稳定性。载荷的突然释放会产生很多问题，绳索可能崩断，气囊稳定性很难保证。重物移动会影响浮空平台的浮心和重心，可以增加高度来减小移动角度，以降低影响，但高度增加会增加缆绳重量。

空中 200m 是乱流层，气流不稳定，会造成浮空平台来回摆动。根据经验，飞艇整体在 800 ~1000m 以上较为稳定。

多个气囊结构中，各个气囊不好固定，遇风会来回摆动，极大地影响整体稳定性。

（4）浮空平台的静电问题。静电问题是系留飞艇的两大难点之一，多个气囊结构中，气囊间摩擦产生静电很难放出去。静电会对气囊产生严重的破坏。

（5）吊舱自转问题。需要考虑吊舱自转问题，需要安装万向轴（承受 100t 很难），且吊舱自转时产生力矩很大，对缆绳要求很高。

（6）加工设备问题。国内尚无能够制作这样大型飞艇的厂房。

5.3.3.4 各方案可行性

（1）通过快速的冲放气来循环提升是否可行。现在小型飞艇使用的压缩机一小时充气几十立方米，大型压缩机 500 ~600m^3。最快的鱼雷罐车充气速度 4000m^3/h。解决办法为使用多个压缩机同时充气。

要使气囊间进行循环的充放气，需要安装压缩机等一系列设备，理论上可行，问题是会增加重量并会增加氦气球泄露。速度也很难达到要求。

(2) 提起重物并将其移动的解决办法。要移动提起的重物可以装滑轨，因为有磨损，就需要使用钢结构，（钢结构重量较碳纤维大）。卷扬机重量很大，肯定是需要埋在地下。达天曾经做过的项目中，体积 5000m^3 的飞艇就需要自重 5t 左右的卷扬机。

重物移动过程中保持重心稳定是最大问题。对于通过顶部放绳，目的地处卷扬机拖拽吊舱移动是否可行，需要进行力学分析，分析这种方式对重心的影响。

(3) 顶部安装太阳能电池板的问题。盘形氦气球顶部可放置太阳能薄膜，产生的热能可用于融雪或发电。美国制造的飞艇上面大都有太阳能薄膜，软式太阳能板只有美国进口，中国还没研制成功。飞艇上必须安装软式太阳能电池板，否则它会影响抗风能力，安装软式太阳能电池板需要考虑是否得不偿失，它会增加自身重量。

(4) 飞艇加旋翼。旋翼机使用柴油效率较高，是成熟技术。目前直升机最大载重 10 ~ 20t。因此本方案从技术路线上来说，基本可行。

5.3.3.5 浮空平台的缩比演示验证

对于大型飞艇项目，需要等比缩小，先做小型试验飞艇，这是较合理的技术路线。取数据验证，并进行风动试验（计算机解决）。但小型飞艇是否能够起到演示作用需要专家论证。

演示验证的时候可能出现的问题：所用材料出现变化，则演示数据需要重新验证。缩比不一定能够解决问题，放大后会遇到很多问题，理论上可行，但涉及很多工程化问题。

5.3.4 调研结论与建议

本次调研主要调查了浮空平台发展现状、国内主要厂家的技术水平、氦气、气囊织布的来源和成本、需要解决的技术困难、各个方案的可行性等，并与浮空器生产厂家进行了初步合作的协商。主要结论和建议如下：

（1）飞艇项目原理简单，实施困难。这个项目不是一个常规项目，不是常规飞艇，难度相当大，需要多方面的研究工作。

（2）用于露天矿运输的氦气平台由于升空高度较低，所需要解决的技术难度大大降低。很多问题无需考虑，抗风难度较小，气囊的寿命也较长。

（3）项目的主要难度在于氦气以及气囊织布等原材料都需要进口，成本较高，由于载重量如此大的浮空平台在世界上尚属首例，可能会遇到更多困难。

（4）浮空器配合旋翼机的技术方案具有较强的可行性，方便灵活，接下来可作为主要的工作方向。

（5）建议先投入资金，设计制造小型浮空平台进行演示验证。上海达天飞艇制造有限公司在浮空器设计、制作方面拥有较强的技术实力，可考虑与其合作。

5.4 氢气平台低空运搬技术可行性研究

氢气（Hydrogen）是世界上已知的最轻的气体。它的密度非常小，只有空气的1/14，即在标准大气压，0℃下，氢气的密度为0.0899g/L，所以氢气可作为飞艇的填充气体。氢气来源广泛，资源丰富，但氢气能钻过橡胶上人眼看不见的小细孔，在高温、高压下，氢气甚至可以穿过很厚的钢板。

氢作为一种绿色能源发展前景十分光明，人们对氢能的开发和利用一直进行不懈的努力。

氢气的主要物理性质见表5-2。

表5-2　氢气的物理性质

项　目	数　值
相对分子量	2.016
熔点/℃	−259.2
沸点(101.325kPa)/℃	−252.76
临界温度/℃	−239.97
临界压力/MPa	1.31
临界体积/$cm^3 \cdot mol^{-1}$	64.15
临界密度/$g \cdot cm^{-3}$	0.0314
临界压缩系数	0.305
液体密度(−250℃)/$g \cdot cm^{-3}$	0.067
气体密度(101.325kPa,21.1℃)/$kg \cdot m^{-3}$	0.083
在水中溶解度（25℃）	1.53×10^{-6}
气体黏度(25℃)/$Pa \cdot s$	88.05×10^{-7}
气体热导率(25℃)/$W \cdot (m \cdot K)^{-1}$	0.17064
自燃点/℃	400
燃烧热(25℃气态)/$kJ \cdot kg^{-1}$	119950.4

在常温下，氢不活泼，但可用合适的催化剂使之活化。在高温下，氢是高度活泼的，除惰性气体元素外，可以与很多物质发生化学反应：氢与非金属单质反应；与卤素或氧的混合物

在点燃或光照条件下会发生猛烈反应；与金属在高温下生成金属氢化物；还可以和多种金属氧化物、金属卤化物和其他盐反应。

氢气用途广泛，不仅可以作为高能燃料、保护气、石化工业原料、冶金工业还原剂，及金属高温加工过程中的保护气等，还可以作为气象观测中气球的填充气，分析测试中的标准气等。氢的另一个重要用途是对人造黄油、食用油、洗发精、润滑剂、家用清洁剂及其他产品中的脂肪氢化。液氢还可用于火箭燃料和航天器的推进剂，也可用于低温材料性能试验及超导研究。

5.4.1 氢气的来源

5.4.1.1 氢气的传统生产方法

目前，已经应用的氢气生产方法很多。对于实验室制氢主要采取以下几种方法：金属与酸反应；金属与水反应；金属与强碱反应；金属氢化物同水反应以及实验室规模的水溶液电解法等。工业制氢的方法主要有甲醇蒸气转化制氢、电解水制氢、烃类氧化重整制氢，以及其他含氢物质分解制氢等。下面就几种主要的工业氢气生产方法进行介绍。

A 一次能源转换制氢

该方法主要是以化石能源（煤、天然气、石油）为原料与水蒸气在高温下发生转化反应来制取氢气。也就是化石能源中的碳转化为一氧化碳的同时，水转变成氢气，所以由化石能源转化制氢的过程伴随有很大的能量损失，还要排放大量的一氧化碳。化石能源转化制氢技术主要可以分为三类：

（1）煤气化制氢技术。是指煤与汽化剂（水蒸气或氧气）在一定的温度和压力等条件下发生化学反应而转化为煤气的工业化过程，且一般是指煤的完全汽化，即将煤中的有机质最大限度地转变为有用的气态产品（主要成分为一氧化碳），而汽化后的残留物只有灰渣。然后一氧化碳经过变换、分离和提纯处理获得一定纯度的产品氢。

（2）天然气水蒸气重整制氢。其主要工艺为：天然气经过压缩，送至转化炉的对流段预热，经脱硫处理后与水蒸气混合，进入转化炉加热后进入反应炉，在催化剂的作用下，发生蒸气转化反应以及一氧化碳变换反应，出口混合气含氢量约为70%，经过提纯可以得到不同纯度的氢气产品。

（3）甲醇裂解制氢。其主要工艺为：甲醇和水的混合液经过预热、汽化后，进入转化反应器，在催化剂作用下，同时发生甲醇的催化裂解反应和一氧化碳的变换反应，生成约75%的氢气和约25%的二氧化碳以及少量杂质。该混合气经过提纯净化，可以得到纯度为98.5%～99.9%的氢气。甲醇分解制氢过程如图5-21所示，该法的原料易得且储运方便，受地域限制较少，适于中小制氢用户使用。

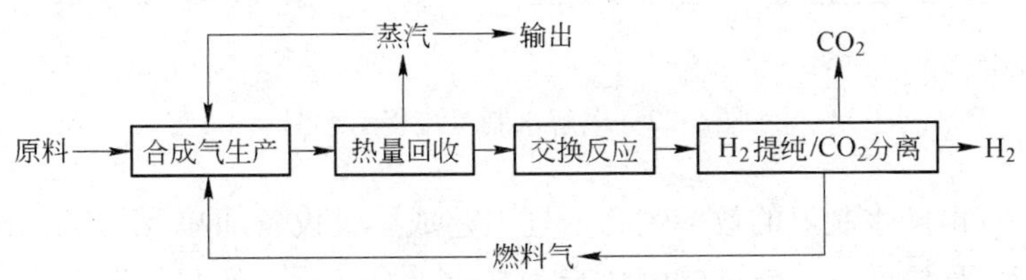

图5-21　甲醇裂解制氢过程示意图

一次能源转换制氢成本低廉，工艺流程短，操作简单，能源利用合理，是目前广泛采用的最经济的制氢技术之一，但有时需要高温条件进行反应，因此能耗较高，而且反应有时需要耐高温的不锈钢管做反应器，装置规模大，投资高[45]。

B 电解水制氢

电解水制氢的原理是当两个电极分别通上直流电，并且浸入水中时，在直流电的作用下，水分子分解为氢离子和氢氧根离子，在阳极氢氧根离子失去电子产生氧气，在阴极氢离子得到电子产生氢气。其流程如图 5-22 所示。

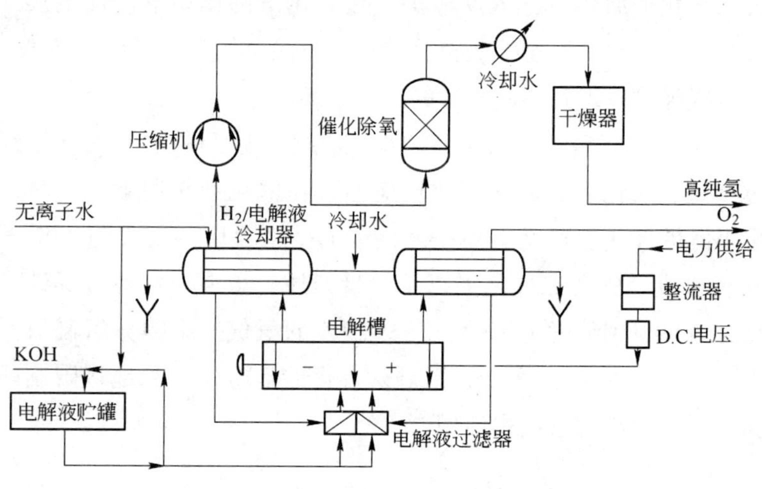

图 5-22 电解水制氢流程示意图

电解水制氢的效率较高，且工艺成熟，设备简单无污染，但耗电量较大，一般氢气电耗为 4.5 ~ 5.5kW/m^3，使其应用受到一定的限制。但随着电解水工艺、设备的不断改进（例如开发采用固体高分子离子交换膜为电解质，选用具有良好催化活性的电极材料，在电解工艺上采用高温高压参数以利于反应进行等），水电解制氢技术将会有更好的应用和发展。电解水制氢技术制得的氢气纯度高，操作简便，制氢过程不产生二氧化碳，无污染，但其耗电量大，生产成本高，电费占整个生产费用的80%左右。

C 其他含氢物质制氢

（1）氨分解制氢。氨气在催化剂存在和高温条件下可以分解为氮气和氢气，氨气分解制氢所用的催化剂一般为镍或铁，其工艺为：液氨经预热、蒸发变为气氨，在800℃高温下催化分解为氢气和氨气，经过气体分离与提纯得到高纯氢气。此外，由于其分子式及性质均与氨气类似，也可以利用相同的原理进行分解转化制氢。

（2）硫化氢分解制氢。国外多次报道由硫化氢分解制氢技术，我国有丰富的硫化氢资源，自20世纪90年代就有多家单位开展了这方面的研究。如石油大学的“间接电解法双反应系统制取氢气与硫黄的研究”取得了较大进展，还有中国科学院感光研究所等单位进行的“多相光催化分解硫化氢制氢的研究”及“微波等离子体分解硫化氢制氢的研究”等，都为今后充分合理利用宝贵资源，提供清洁能源及化工原料奠定了基础。

（3）化工副产物氢气回收。邱长春等人报道了利用含氢工业尾气或过程气生产高纯氢气的方法。此外，多种化工过程如电解食盐制碱工业、发酵制酒工艺、合成氨化肥工业、石油炼制工业等均有大量副产氢气，如能采取适当的措施进行氢气的分离回收，每年可以得到数亿立方米的氢气，这将是一笔不容忽视的资源，应设法加以回收利用。

5.4.1.2 氢气生产新技术

A 太阳能制氢

为了尽可能的节约能源，利用太阳能这样的可再生能源制氢是未来能源的发展趋势，据专家分析太阳能制氢将成为未来制氢的主要途径。目前，利用太阳能制氢的主要工艺方法有以下三种：

（1）利用光伏系统（太阳能光伏电池）将太阳能转化为电能，再通过电解槽电解水制氢，电-氢的转化效率为 75 %。此外，将风能转化为电能，也可以通过电解水来制氢，因为其能耗低、转化率高也将有较好的发展前景。

（2）利用太阳能转化的热能进行热化学反应循环制氢，利用太阳能的热化学反应循环制氢就是利用聚焦型太阳能集热器将太阳能聚集起来产生高温，推动由水为原料的热化学反应来制取氢气的过程。

（3）太阳能直接光催化制氢。由于地球水资源和太阳能的丰富性，该方法是最具吸引力的制氢途径。它通过半导体电极所组成的电化学电解槽利用光解水的方法把光能转化成氢气和氧气。但该法的光电转化效率较低，只有 20% ~30%，其中研制高效的可见光催化剂和构建稳定的光催化反应体系是急需解决的两大问题。太阳能制氢技术相对于电解水制氢成本低、能耗少、反应温和，可实现工业化，但作为热源获得的太阳能热聚焦装置的造价高，效率较低，反应物和最终产物的分离有一定的难度，且有的对容器、管道等设备有一定的腐蚀。

B 生物制氢

生物制氢技术作为一种符合可持续发展战略的课题，已在世界上引起了广泛的重视。生物制氢技术主要可以分为两类：

（1）利用微生物自身的生理作用，在一定的环境条件下，通过新陈代谢获得氢气。根据生物制氢技术所用产氢微生物的不同，可分为光合细菌制氢、藻类制氢和发酵细菌制氢。

（2）生物质热化学转化制氢，指通过热化学方式将生物质转化为富含氢气的可燃气，然后通过气体分离得到纯氢。虽然生物制氢是利用可再生能源生物质制取氢气，但由于其技术不够成熟，其产氢纯度和速率都比较低。生物制氢技术工艺流程和设备比较简单，可借鉴煤化工中的许多工程经验，适合于大规模连续生产，充分利用氧化产生的热量，使生物质裂解并分解一定量的水蒸气，能源转化效率高，但其制氢副产物煤焦油等有一定的污染，当氢气为汽化剂时，还会增加氢气提纯的难度。

C 硼氢化钠催化水解制氢

王恒秀等人报道了利用硼氢化钠（$NaBH_4$）的催化水解反应，在常温下生产高纯氢气的新型制氢技术。硼氢化钠作为一种强还原剂，广泛用于废水处理、纸张漂白和药物合成等方面。Schlesinger 等人发现，在催化剂作用下，硼氢化钠在强碱性水溶液中可水解产生氢气和水溶性亚硼酸钠。反应如下：

$$NaBH_4 + 2H_2O \xrightarrow{\text{催化剂}} 4H_2 + NaBO_2 \quad (1)$$

硼氢化钠是一种白色晶状粉末，在真空中400℃条件下还能稳定存在。试验表明为了使溶液达到并保持高 pH 值，通常在 $NaBH_4$ 溶液中加入氢氧化钠，如果浓度控制不合适，会影响反应的速度和产生氢气的量，含量太低，则 $NaBH_4$ 溶液还会自行分解。经 Amendola 等人的试验发现，溶液按 20%（质量分数，下同）$NaBH_4$、10% NaOH、70% H_2O 配比是最合适的。利用催化剂加快 $NaBH_4$ 水解产生氢气的速度，$NaBH_4$ 水解制氢技术是一种安全、方便的新型氢气发生技术，具有以下优点：

（1）硼氢化钠是一种环境友好的物质，整个催化发生氢气与使用过程不排放含碳和含氮的有害气体；

（2）与其他储氢方式相比，液态储氢燃料的储氢量高，可达到金属氢化物储氢的 10 倍；

（3）储存、使用安全，运载方便；

（4）氢气纯度高，不会造成燃料电池电极催化剂的毒化；

（5）能源利用率高，反应过程中不需要外加能量就可以把硼氢化钠及一部分水中的氢气释放出来；

（6）直至氢气全部放出为止，反应速度几乎保持不变。催化剂在使用后可以通过常规方法回收，循环利用[45]。

5.4.2 氢气球存在的安全问题及应对策略

5.4.2.1 氢气的易燃易爆特性

《危险货物分类与品名编号》（GB 6944—1986）将氢气划分为危险品第二类。氢气是以燃烧、爆炸为主要特征的危险气体（表 5-3）。

表 5-3 氢气燃烧、爆炸系数表

项目	相对密度（空气 = 1）	自燃点 /℃	最小点火能 /mJ	爆炸极限 /%	最大爆炸压力 /Pa	燃烧热 /$kJ \cdot mol^{-1}$	扩散系数 /$cm^2 \cdot s^{-1}$
系数	0.07	560	0.02	4.0 ~ 75.6	7.4×10^5	286.9	0.634

（1）最小点火能。指可燃物质处在最敏感条件下，点燃所需的最小能量。最小点火能越低，点燃所需的能量越小，火灾危险性也就越大。氢气的最小点火能为 0.02mJ，只需很小的能量如静电火花，就足以引起燃烧、爆炸。

（2）爆炸极限。指遇火种时会产生爆炸的空气中含有该种气体的体积比范围。氢气的爆炸极限为 4.0% ~75.6%。氢气爆炸极限的下限很低，范围宽，遇火极易爆炸。

（3）相对密度和扩散系数。氢气对空气的相对密度很小，为0.07，扩散系数很大，为0.634cm^2/s。一旦大量泄漏，便可逸散在空中迅速大范围扩散，与空气形成爆炸混合物，且遇火爆炸燃烧后的火焰容易顺风迅速蔓延扩展。

5.4.2.2 氢气球充灌、放气过程中的静电现象

可引起燃烧的火源有直接火源和间接火源。由于静电看不见、摸不着，容易被忽视，所以静电火花是引起氢气球发生火灾事故的重要隐患，必须引起高度重视。

A 气体带电性

当气体从容器、管道口或其破损处高速喷出时产生静电的性质为气体带电性。气体中一般都混有固体或液体杂质。这些杂质与气体一起高速喷出，使杂质与气体一起在容器内（管道内）运动，与容器内壁（管内壁）发生摩擦和碰撞，在相向分离时，微粒和容器壁（管壁）分别带上等量异号的电荷，即产生静电。

氢气从钢瓶、制氢缸、球皮中高速喷出时，瓶内部存有铁锈、水、螺栓衬垫处的石墨或氧化铝等杂质都是产生静电的主要原因。

B 影响氢气高速喷出时产生静电量大小的因素

（1）与氢气流速有关。氢气的流喷速度越大，带电量越大。

（2）与所含杂质的量有关。所含的液体或固体杂质越多，带电量越多。

（3）与容器、管道和喷出嘴的材料性质以及内表面的污染

状况或吸附层等有关。一般塑料比橡胶带电量多。

C 氢气球充灌、收球过程中产生高电位的途径

（1）由于气体的带电性，充灌时氢气从钢瓶或制氢缸喷出通过橡皮管到球皮的过程中，氢气瓶（制氢缸）、导管、球皮由于静电作用而带有高电位。

（2）收球放气时，氢气从球皮中喷出后，球皮由于静电作用而产生高电位。在实际工作中我们遇到两次收球时由静电火花引起的球皮燃烧现象。如：在有沥青隔水层的楼面上，将氢气基本放完后将球皮折叠起来时发生球皮燃烧。这是因为球皮高速放气后带有大量静电电荷，在绝缘的楼面上静电不能顺利导除，折叠球皮时球皮面积减小，单位面积的静电电量越来越大而产生静电火花引起球皮燃烧。

（3）人体带电。人体任何时候都带有静电。当人体所穿衣物是用电阻率高的化纤制成时，将带有很高的电位。如果人体带电与钢瓶、球皮带电极性相反，电位差将很大，极易产生静电火花。另外，如果施放人员在充灌、放气过程中有脱衣动作也容易产生静电火花。一般情况下，脱衣时产生的静电电位很高。

5.4.2.3 氢气球充灌、放气过程中防止静电火花的措施

空气击穿的电场强度为3500kV/m，相当于两个带异号电荷的平板，相差1cm，电压为35kV时的两极之间的电场强度。如果其中一个带电体带有尖端或接触面积很小时，则电压降低到几千伏就可以使空气击穿，产生电火花。因此，氢气球充灌、放气过程中防止静电火花就是要避免达到空气的击穿电场强度。

（1）充灌氢气球时，必须具备静电导除措施。氢气瓶（制氢缸）应良好接地，静电电阻不大于100Ω。实际工作中可以用导线就近与防雷接地体或金属水管连接。

（2）控制充灌时氢气的流速，越小越好，一般应不大于8m/s，以尽可能减小静电量。

（3）使用含杂质少的氢气。用制氢缸制氢充灌时，必须经冷却减少水汽含量，并在充灌前清除接口、道管、球皮内的污物。

（4）操作人员应尽可能穿着防静电服，严禁穿尼龙、化纤等易产生静电的服装。严禁在氢气球充灌、放气现场脱衣，并要经常触摸接地金属物释放人体静电。

（5）由于尖端物体在较小的电场强度下就会产生放电，所以应避免尖端、锐器接近气瓶、导管、球皮等。

（6）收球时，让氢气球倒悬自然排放，切忌人为挤压加速排放而增加带电量。要避免在绝缘地面上折叠球皮，折叠球皮前应尽可能将球皮接触接地金属物体以释放静电[46]。

防止氢气爆炸的技术方法国内外有很多研究，但至今仍然没有可以实际应用的成果，而在化学危险品运输、储存中防止爆炸的技术却有突破性进展——HAN（本质安全不爆炸）阻隔防爆技术，该技术是一项从根本上解决易燃易爆液态、气态危险化学品储运过程中本质安全的专有技术。其防爆机理是，根据热传导理论及形成燃烧、爆炸的基本条件，利用容器内的阻隔防爆材料的蜂窝结构，阻隔火焰的迅速传播和能量的瞬间释放，破坏燃烧介质的爆炸条件，从而防止爆炸。该项技术经2002年在江西南昌、广东汕头试点应用成功，2005年以来又在吉、赣、鲁、豫、桂、川、云、陕等地推广，取得较好效果。科技部和国家安监总局均已将其列入国家重点推广科技项目。

国家安监总局还公布了基于此项技术的两项阻隔防爆安全技术行业标准。

起阻隔防爆作用的是一种类似铝箔的细条状金属片的不规则组合，金属丝团质地非常轻。该种材料安装在容器中，并不会影响到容器的容积，可安装在储油罐、油桶、液化气钢瓶等各种易燃易爆气态、液态和化学品容器内，既可避免液态易燃品在容器内因运输颠簸产生波浪而带来的潜在危害；又可防止以上危险物品遇到静电、明火、枪击、碰撞、焊接、不当操作等引发的爆炸事故。

HAN阻隔防爆技术包括：（1）HAN材料制造技术（材料的适应性选择，材料蜂窝化技术，蜂窝材料表面钝化技术）；（2）材料安装及构件技术；（3）清洗和安全施工技术；（4）检验、测试和数据采集技术。该技术适用于危险化学品的安全管理。它可根据各种容器的规格和形状，事先预制，现场安装，工艺简单，操作方便。其作用是：消除静电聚集，避免液态、气态危险化学品在运输过程中因静电引起的火灾、爆炸事故；还可减小液体晃动，消除正弦曲线式的加速而导致共振，避免对容器的冲击、破坏。特别适用于暴露在阳光下（或高温环境下）的易燃液态、气态危险化学品的储存设施，或检测仪表难以正常使用的环境。

该防爆材料化学性能稳定，容易回收利用，无污染；具有恒温作用，可以阻止易燃、易爆液体储罐区在事故状态下急剧升温，有显著的隔爆效应。其重量体积比（$30kg/m^3$）较低，装入容器后仅占容器有效容积的0.9%～1.2%，重量的增加对设备本身及基础影响很小。该材料还有防腐性能，可抑制储罐内壁生锈、藻类繁殖。该技术已在广东汕头市、南昌市、上海市应用，均取得了成功。

借鉴HAN阻隔防爆技术，氢气的使用将更加安全。因此，我们有理由相信，氢气运输在露天矿运输系统中的广泛应用也指日可待。

5.4.3 氢气作为汽车燃料的研究进展

氢气成本低且效率高，在能源日益显现不足和燃油汽车造成人类生存环境极大污染的今天，以氢燃料作为汽车燃料的呼声不断出现，日益高涨。世界四大汽车公司，美国的通用公司和福特公司，日本的丰田公司，德国的戴姆勒-奔驰公司，都在加快研制氢燃料汽车的步伐。汽车要使用氢燃料作为动力，其关键技术环节有两个：一是贮氢技术，二是燃料电池技术。目前，燃料电池技术已经成熟，因此氢气在汽车上的贮存技术已经成为发展氢燃料汽车的关键。

而将氢气用于轻质气体平台运输系统需要解决的同样是氢气储存问题和安全性问题，随着氢能汽车技术的不断发展，这些将逐渐得到解决，轻质气体平台运输系统的可行性也就大大提高。

氢能汽车是以氢为主要能量作为移动的汽车。一般的内燃机，通常注入柴油或汽油，氢汽车则改为使用气体氢。燃料电池和电动机会取代一般的引擎。氢燃料电池的原理是把氢输入燃料电池中，氢原子的电子被质子交换膜阻隔，通过外电路从负极传导到正极，成为电能驱动电动机，质子却可以通过质子交换膜与氧化合为纯净的水雾排出。这样有效减少了其他燃油的汽车造成的空气污染问题。

据新华网2010年6月16日讯，一款氢燃料汽车，每加仑燃料可行驶300英里（482km），排出的是水而不是烟。这款无污染的两座汽车用氢发电驱动电发动机。最高时速为50英里

(80km)，一箱液体氢可行驶240英里（386km）。2012年，30辆这种型号的汽车将进行实地试验。如果试验成功，开发该技术的Riversimple公司希望这款汽车批量生产，年产量为5000辆。这款两座都市型汽车可在5.5s内加速到每小时30英里(48km)。

传统的贮氢方法有两种。一种是采用压缩贮氢的方式，用高压钢瓶（氢气瓶）来贮存氢气，钢瓶贮存氢气的容积很小，即使加压到150个大气压，瓶里所装氢气的质量还不到氢气瓶质量的1%，而且还有爆炸的危险。另一种是采用液氢贮氢的方式，将气态氢降温到-253℃变为液体进行贮存，氢气液化的费用非常昂贵，它几乎相当于三分之一液氢的成本，而且，液氢的贮存容积异常庞大（占去汽车内的有限空间），需要极好的绝热装置来隔热，才能防止液态氢不会沸腾汽化而避免浪费。以上诸多的原因，使得以氢气作为汽车动力燃料的应用一直都遇到很大的困难。尽管近年来，人们在不断开发利用贮氢合金来贮存氢气，但高性能的贮氢材料一直是人们寻求的目标。碳纳米管出现后，人们在不断探讨碳纳米管用于贮氢的可能性。最近的研究结果表明，这一技术的实际应用可望在不久的将来得以实现。1999年，美国国家再生能源实验室（National Renewable Energy Laboratory）和IBM公司首次测试了碳纳米管吸附氢气的能力（贮存氢气的能力）、并发现，碳纳米管吸附氢气的能力随着管径的增大而提高。在一个大气压和室温下，锂和钾化学掺杂的碳纳米管的吸氢能力（质量分数）分别提高到20%和14%，它们远远超过了6.5%的贮氢技术指标。这些研究结果证明，用单壁碳钢术管不需高压就可贮存高密度的氢气，并由此可望解决氢燃料汽车要求工作在室温下的低气压、高容量贮氢技术难题。

5.5 轻质气体平台低空运搬技术方案

在经过了大量的研究和调研工作之后，我们提出了轻质气体平台低空运搬系统的技术方案，并对其生产能力、经济可行性等做出了评价。

5.5.1 系统概述

由于采场至选矿厂的运输距离较短，属短距离运输，因而无需使用飞艇运输，以降低成本。轻质气体平台低空运搬技术是利用轻质气体气球的巨大升力将矿石提至空中，再利用牵引装置将矿石送至指定地点（参见图5-23）。轻质气体系留气球的气囊由多个由轻质气体填充的独立体组成，即使遭到破坏，大型轻质气体系留气球也有足够的剩余浮力，不会出现坠毁的危险，甚至不必及时进行修复。轻质气体气球自身携带的控制系统可以调节各舱室间的气体容量，以进行空中机动。

随着系留气球和飞艇技术的发展以及新材料的应用，减轻了气球球体和系统的质量，还改善了球体的结构，通常 $1m^3$ 的轻质气体（氦气、氢气）可以携带1kg的负荷（包括球体自重和载荷），大幅度提高了气球的使用寿命。若要提起重1000t的矿物，所需的气球体积约为 $1000000m^3$，即高度为40m，直径为200m的圆盘形轻质气体气球即可提供足够的升力。

露天矿用轻质气体系留气球装置是将轻质气体平台通过缆绳定位至露天矿采场上方，待料斗装满矿石后，装货绳将提升装置牵引至料斗位置并与料斗固定，之后利用轻质气体平台升力将料斗提起，再利用缆绳将料斗拉至选矿厂等地

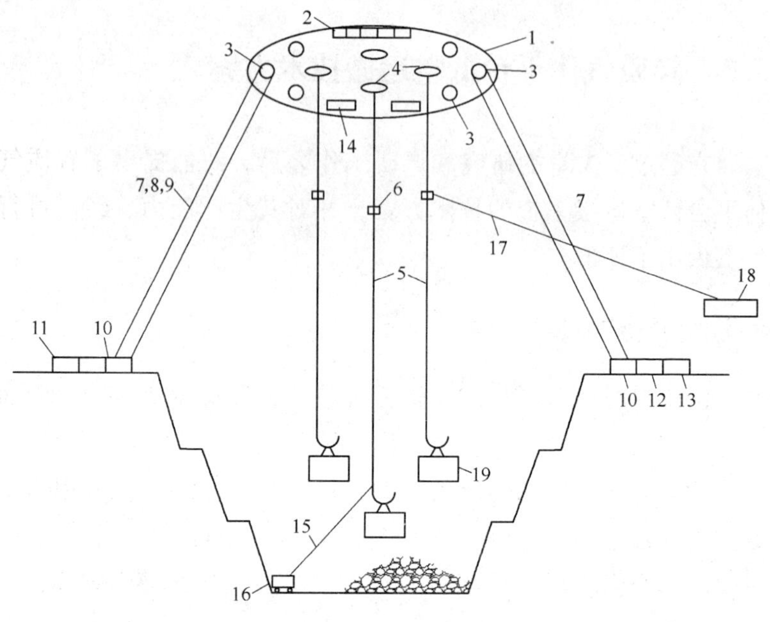

图 5-23　轻质气体平台低空运搬技术示意图

1—轻质气体气球（结构部分）；2—太阳能发电系统；3—拉紧绞盘；4—提升绞盘；5—提升缆绳；6—固定索套；7—拉紧缆绳；8—太阳能电缆；9—通信电缆；10—地面系留装置；11—太阳能储能系统；12—通信系统；13—测控系统；14—照明系统；15—装货缆绳；16—装货机械绞盘；17—卸货缆绳；18—选矿厂；19—矿石料斗

点。大型系留气球能够抵抗 9 级以上大风，而本系统中的轻质气体气球由于在各个方向都有系留缆绳进行固定，大大提高了气球的防风能力，使得本运搬系统可以在恶劣的气候条件下进行工作。

轻质气体平台的系留缆绳由一条主缆绳和多条副缆绳组成。它们共同提供拉力将轻质气体平台固定在空中。若平台出现故障或需要降落进行维护时，首先断开副缆绳与平台的连接，然后逐步收回主缆绳，将平台降落至地面。

5.5.2　系统结构

轻质气体平台低空运搬系统主要由气球平台和牵引与控制装置两大部分组成，如图 5-24 所示。

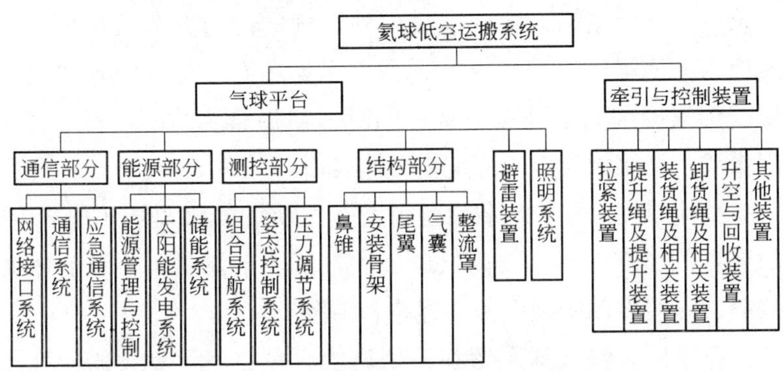

图 5-24　轻质气体平台低空运搬系统组成框图

5.5.2.1　大型轻质气体气球的主要部件

大型轻质气体气球为圆盘形，气囊由多个轻质气体填充的独立体组成。圆盘形气球的直径为 200m，高度为 40m，体积为 1000000m^3。它主要用于提供提升矿石所需的升力。

气囊包括主气囊和副气囊。主气囊用于储存升力气体（一般是氦气），囊体通常制作成流线型的旋成体形式，承受作用在气球上的外部载荷（包括空气动力、重力载荷、惯性载荷和集中载荷），其形状和刚性由充入内部的气体来保证。副气囊用于储存空气，在气球升空、滞空和下降的时候，通过充排空气来调整气球的姿态和维持囊体的外形。气囊材料的选择主要考虑轻质、高强度、高气密性、良好的耐候性、高比强、高模量、高抗曲挠、耐揉搓和耐磨性能良好，防止在冰雪天气下损坏，尤其是主气囊材料要考虑耐臭氧和对各种射线（紫外线等）的反射及其他环境因素的影响。

系留气球的稳定性能在很大程度上取决于尾翼的参数，尾翼的布局形式有多种，其中倒 Y 形尾翼为较理想形式。尾翼通常采用充气膜结构，即利用膜内外空气的压力差为膜材料施加预应力，使尾翼形成一定的翼型。尾翼底部与艇囊的连接可采用“绳索捆绑式”连接方式。同时，在相邻的两个尾翼之间采用张线，将尾翼稳定的固定在囊体表面。

整流罩用来保护球载设备免受空气动负载和大气（如灰尘、雨雪）的影响，同时提高气球气动性能。整流罩下方装有密封拉链，方便内部安装设备的拆装和维修。

鼻锥用于将气球系留在系留塔上，鼻锥呈环状，固定在主气囊头部，起到保护主气囊的作用。

5.5.2.2 拉紧装置

拉紧装置包括系留缆绳和地面系留装置。系留缆绳用于系泊和牵引气球，给气球平台上设备供电，同时保持球上与地面的通信。系留缆绳由一条主缆绳及多条副缆绳共同组成。地面系留装置用于系留气球的地面停泊，对滞空后的系留气球进行操控。主要由半挂牵引车、半挂车和锚泊设备组成，半挂牵引车主要用于牵引半挂车进行机动及运输。半挂车承载量大，其上安置锚泊设备、系留缆绳和气球囊体的贮存柜。锚泊设备包括回转平台、系留塔、绞盘系统、悬臂式桁架、控制室、气球托架、引雷及防静电设备等。

5.5.2.3 提升绳及提升装置

提升绳用于提升矿石，其末端安装挂钩机，钩住矿石料斗后，逐渐放松系留缆绳，利用氦气平台升力将料斗提起。考虑提升和下放矿石料斗的安全性和可靠性，需要对缆绳收放装置进行高可靠的设计，必要时采用双机备份的措施。缆绳要求具备抗拉、抗冲击、耐磨损、柔韧等性能，尤其是要具备高强度的抗拉性能。因此选用合成纤维缆绳，合成纤维缆绳除比重轻、强度高、抗冲击和耐磨性好以外，还有耐腐蚀、耐霉烂、耐虫蛀等优点。

5.5.2.4 卸货绳及装置

卸货绳用于牵引提升绳，在氦气平台将矿石料斗提起后，卸货绳将装有矿石的料斗牵引至选矿厂等位置。目的地附近有机械绞盘，用于收放卸货绳。卸货绳与提升绳的连接位置使用卡套进行固定。卸货绳的材料与提升绳相同，只是所需股数较少。

5.5.2.5 装货绳及装置

装货绳将提升绳末端牵引至采场位置，并控制提升绳的下放位置，将提升绳末端的挂钩钩住矿石料斗。装货绳由装货机械绞盘控制，它根据采场位置的移动而移动。

5.5.2.6 升空和回收装置

升空和回收功能是系留系统必备的功能，气球的放飞和回收都需要在系留系统上操作和实现。通过收放系留缆绳来完成球体的升空和回收，收放装置还包括导向滑轮、绞盘、储缆设备等。系留缆绳通过导向滑轮导向后卷绕在绞盘上，绞盘绞缆时，气球在绞盘的卷绕力下收回至地面，绞盘放缆时，气球在浮力下升至高空；绞盘绞缆的同时储缆设备卷绕系留缆绳将其存储起来，绞盘放缆的同时储缆设备跟随其放出系留缆绳。气球接近地面放飞和收回时，一般采用“三点放飞收回”概念。

5.5.3 轻质气体平台低空运搬系统的生产能力的可行性

通常 $1m^3$ 的轻质气体可以携带 1kg 的负荷（包括球体自重和载荷）。若建造直径 200m，高度为 40m 的圆盘形系留气球，则其体积为：

$$V = \pi R^2 H = \pi \times 100^2 \times 40 = 1256636m^3$$

则气球可载重量为 1256t，除去料斗重量等，轻质气体平台也足以提起重量为 1000t 的矿石，每 15 分钟循环运输一次，一小时即可运输 4 次。则年产量为：

$$Q = 4 \times 24 \times 360 \times 1000 = 34560000t$$

即年采剥总量可超过 3000 万吨。已满足大型露天矿山的生产能力要求。

5.5.4 氦气平台低空运搬安全性分析

矿山生产过程中的安全问题为重中之重，因此对轻质气体平台低空运搬技术的安全性要进行全面分析。

5.5.4.1 充氦气囊安全性

现在的大型军用充氦飞艇的气囊由多个氦气填充的独立体组成，一旦受到炮火的攻击，大型充氦飞艇也有足够的剩余浮力，不会出现坠毁的危险（参见图 5-4，“大力神”飞艇的结构）。近年来，由于 Kevlar 纤维以及高强度织物的应用，又促进了系留气球和飞艇的发展。矿用充氦系留气球的气囊同样由多个氦气填充的独立体组成，即使遭到破坏，大型充氦系留气球也有足够的剩余浮力，不会出现坠毁的危险，甚至不必及时进行修复。充氦系留气球自身携带的控制系统可以调节各舱室间的氦气容量，以进行空中机动。

气囊中所充气体为氦气，不仅密度比空气小很多，能够提供巨大升力，还避免了爆炸和燃烧的危险性。

5.5.4.2 缆绳安全性

近30年来，轻质气体气球和飞艇都采用Kevlar纤维制作系留气球用的缆绳，其安全性大大提高，且系留气球采用多个地面系留装置同时牵引，大大提高了安全性。

5.5.4.3 人员安全

由于轻质气体平台运搬设备只需地面操作人员，空中无人作业，没有机上人员安全问题。

5.5.5 经济可行性分析

轻质气体平台低空运搬技术将节省大量的卡车购置费用，运输燃油费用。现在露天矿用大型卡车的价格都在千万元以上，要满足矿山的生产能力要求，有时需购置几十台矿用卡车，在使用过程中还需要投入大量的燃油费用以及卡车的维护费用。

据有关资料介绍，一个40m长的飞艇的造价为200万美元，而矿山所用的系留气球结构简单，不用安装推进装置等，造价将大大低于飞艇。而建造本文所述的直径200m的圆盘形轻质气体平台，整体造价约在亿元以下。且轻质气体平台运输过程中消耗的能源较少，运距短，效率高，将大大节约运输成本。

使用轻质气体平台运输还降低了剥岩量，增大了台阶高度，可以开采更低品位的矿产，这些都将带来巨大的经济效益。因而，轻质气体平台低空运搬技术的经济可行性毋庸置疑。

5.6　轻质气体平台低空运搬项目研究成果

经过上述一系列的研究工作，课题组取得了丰硕成果，提出了一种技术方案并申请了国家发明专利，对悬浮运输机方案进行了实验室模拟实验，取得了预期效果。

5.6.1　轻质气体平台低空运搬技术相关专利申请

根据之前的调研和论证工作，我们提出了一种露天矿新型运输系统方案，并申请专利。

针对现有露天矿运输存在的不足，本发明提供一种氦气平台矿山低空运搬装置，通过氦气平台对露天矿进行低空运搬，以达到减少能耗，保护环境的目的。

本发明技术方案是这样实现的：该装置包括气囊、整流罩、钢架、太阳能电池板、监控设备、照明设备、系留缆绳固定装置、卷扬机、提升缆绳、矿石料斗、系留缆绳、卷扬机电缆、太阳能传输电缆、装货缆绳、装货机械绞盘、卸货缆绳、固定索套、储缆设备、太阳能控制器、蓄电池组、供电装置、卷扬机控制室、压力控制室、压力传感器、避雷装置和绞盘。

该装置的连接是：气囊包裹钢架，整流罩覆盖在气囊上，系留缆绳由多根钢丝绳组成，分别在各个方向连接系留缆绳固定装置，系留缆绳固定装置固定在钢架四周，拉紧和固定气囊，卷扬机电缆、太阳能传输电缆同系留缆绳一起连接系留缆绳固定装置，为卷扬机、照明设备提供电能以及传输太阳能电池板产生的电能，在钢架底部固定多个卷扬机，卷扬机通过提升缆绳连接矿石料斗，在卷扬机上方的钢架上安装监控设备，监控卷扬机的工作状况，在钢架四周安装照明设备，在氦气平台气囊上方安置太阳能电池板，装货机械绞盘通过装货缆绳连接提升缆绳，固定索套安装在提升缆绳上，通过卸货缆绳与选矿厂连接，储缆设备、太阳能控制器、蓄电池组、供电装置和卷扬机控制室通过系留缆绳连接系留缆绳固定装置，绞盘安装在系留缆绳的一端与储缆设备连接，在气囊顶部安装避雷装置。装置如图 5-25 所示。

该专利已被受理，申请号为：201010165463. 5。

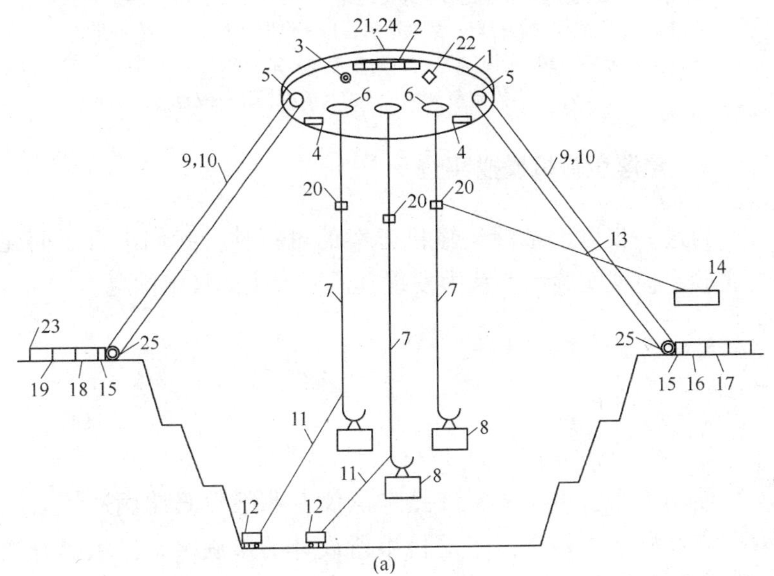

(a)

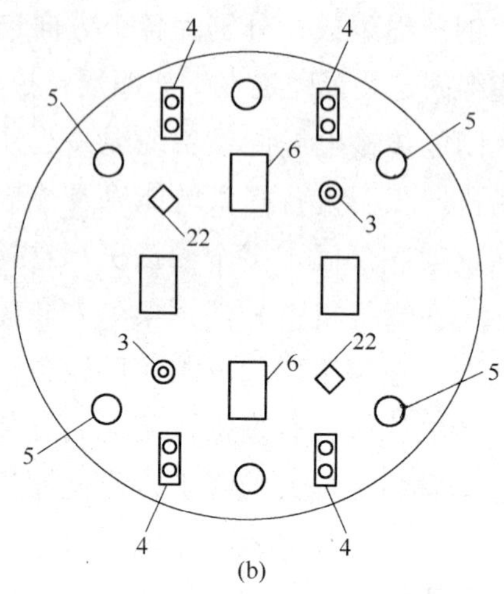

(b)

图 5-25 氦气平台低空运搬装置的主视图（a）及俯视图（b）

1—气囊；2—太阳能电池板；3—监控设备；4—照明装置；5—系留缆绳固定装置；6—卷扬机；7—提升缆绳；8—矿石料斗；9—系留缆绳；10—电缆；11—装货缆绳；12—装货机械绞盘；13—卸货缆绳；14—选矿厂；15—储缆设备；16—太阳能控制器；17—蓄电池组；18—供电装置；19—卷扬机控制室；20—固定索套；21—整流罩；22—压力传感器；23—压力控制室；24—避雷金属网；25—绞盘

5.6.2 悬浮运输机模拟实验

为进一步讨论悬浮运输机方案的可行性，我们进行了简化的实验室模拟实验，并从中发现其需要解决的技术问题。

5.6.2.1 实验材料

A 遥控飞机

使用美嘉欣 T34 金属液晶陀螺仪专业版数码比例遥控共轴双桨直升机来代替悬浮运输机中所设计的螺旋桨，提供提升物料所需的升力，如图 5-26 ~ 图 5-29 所示。

图 5-26 美嘉欣 T34 遥控飞机

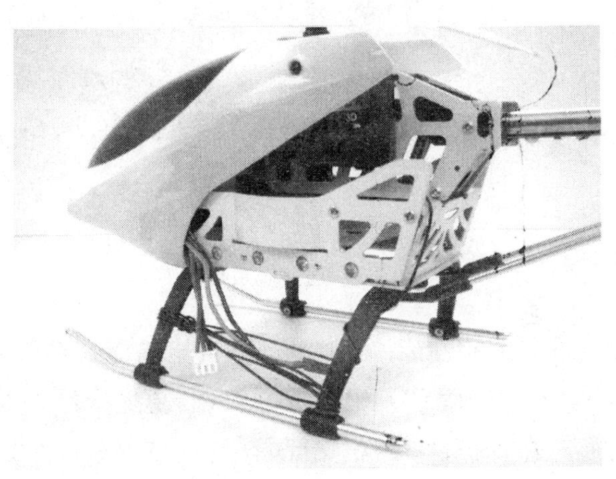

图 5-27 遥控飞机机身

遥控飞机为准四通道：上升、下降、前进、后退、左右转弯，带夜航灯和探照灯（灯光可控制）。

模型特点：(1) 全方位飞行：前进后退、上升、下降、左右转、回旋；(2) 智能化控制系统；(3) 全比例遥控；(4) 360°准确

图 5-28　遥控飞机主轴

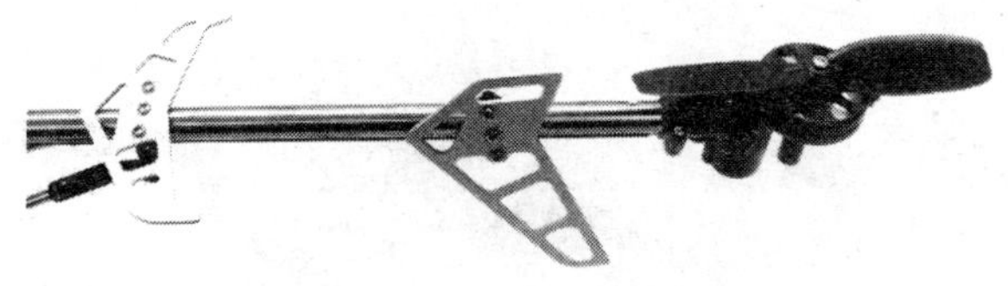

图 5-29　遥控飞机尾翼

定位；(5) 平滑悬空性能；(6) 新研发节电功能；(7) 呵护电池模式；延长使用寿命；(8) 电子微调，飞行更加稳定，具有启动，过流，低电三重保护，使飞机飞行更安全，使用寿命更长。

配带微电脑控制 LCD 液晶显示遥控器，可自主调节左/右转向的灵敏度，前进后退的速度。

遥控飞机基本技术参数为：

飞行高度：约 50m

遥控半径：约 50m

机身重量：480g

飞行时间：约 10～15min

遥控器电池：3 粒普通 5AA 电池（无配）

飞机电池：含 7.4V 1000mA 充电电池和充电器（锂钴电池）

充电时间：约一个半小时左右

飞机尺寸：机身长度 50cm，主旋翼直径 49cm

B 轮胎型充氦气球

实验所用的轮胎型充氦气球为定制异性气球（见图 5-30），使用充氦气球提供悬浮力，将遥控飞机提升至空中悬浮。充氦气球材料为橡胶，其泄漏率为 1%/天，可达到实验要求。实验结束时气球由系留缆绳固定（见图 5-31）。

图 5-30 轮胎型充氦气球

5.6.2.2 实验方案

由于螺旋桨工作过程中会产生上下风流，并提供向上的升

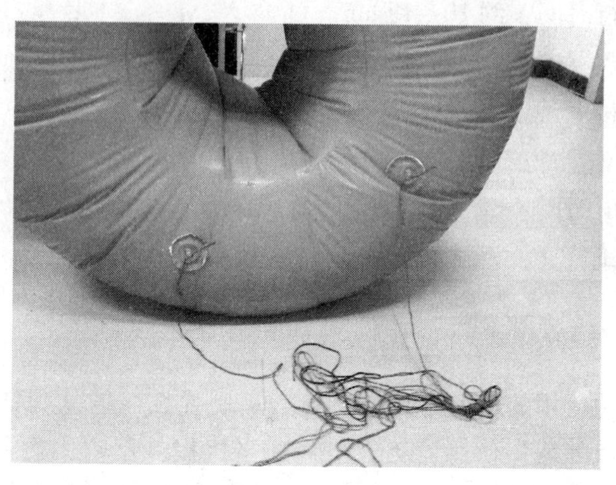

图 5-31　充氦气球系留缆绳

力，因此将气球做成轮胎型，中空部分可以使螺旋桨产生的气球顺利通过，从而不影响螺旋桨的升力。将轮胎型充氦气球平放，利用支架将遥控飞机固定在气球正中上方，如图 5-32 所示。

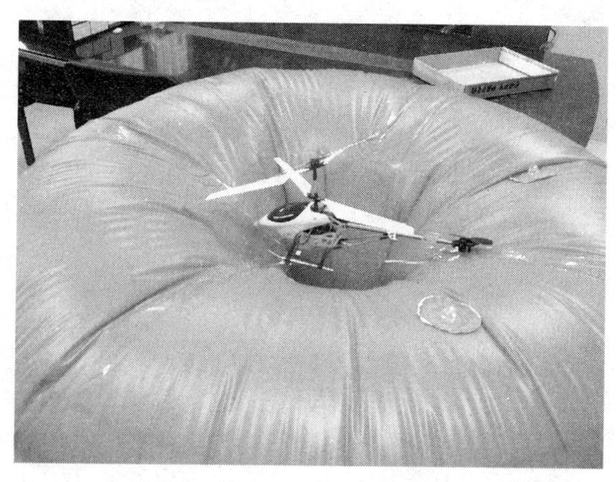

图 5-32　实验方案图

气球体积为1.2m^3，能够提供悬浮力约1.3kg，基本等同于气球自重与遥控飞机重量之和，能够将其悬浮至空中。

实验开始时，首先放开系留缆绳，将系统悬浮在空中，之后挂上重物（模拟矿石），启动螺旋桨，将重物提起，遥控飞机进行前后左右和上下的移动。

5.6.2.3 实验结果

由于遥控飞机自重为480g，而其能够提供的最大升力约550g，即系统能够提起重约550g的物体。

模拟实验表明，悬浮运输机装置设计较为合理，基本可行。在下一步的实验当中，应当进行更大比例的模拟实验以及加入抗风装置，进行室外实验。

5.7 轻质气体平台结论及建议

经过鞍钢集团矿业公司和东北大学项目组成员的通力合作，鞍钢集团矿业公司露天矿新型运输系统项目已经完成了调研、方案设计和论证工作，其中调研工作是针对之前所提出的初步技术方案进行了可行性研究，之后做出了较为详细合理的方案设计，取得了预期成果，可得出以下结论和建议。

5.7.1 结论

（1）轻质气体平台低空运搬技术具有重大的应用意义。提出的轻质气体平台低空运搬技术在露天矿山中的应用，将在很大程度上解决占用土地问题、生态环境问题、低碳能源问题等，能够节约大量矿岩运输成本，并使矿产资源得到更充分的利用。轻质气体平台低空运搬技术将从根本上改变露天矿山生产设计的理念，使得在矿山开采境界圈定、边界品位划分、生产计划指定、人员管理等方面的工作发生很大程度上的改变。它使得采矿工作者的工作变得轻松，大大提高了矿山的自动化水平。利用轻质气体平台低空运搬技术实现空中运输矿岩，能够带来巨大的社会和经济效益。

（2）本次可行性研究和调研工作范围广泛，通过实地考察国内较为权威的科研单位和设计、生产厂家，并与相关专家和技术人员座谈、交流，全面的了解了国内轻质气体平台的发展现状和技术水平，取得了有益的成果。

（3）轻质气体平台低空运搬技术在理论上具备可行性，并且随着科技进步，制造工艺上也具备一定的可行性。随着国际国内大型飞艇、系留气球制造技术的不断进步，轻质气体气球趋于大型化，载重量不断提高。系留绳索、增强织物、高强度粘合剂等新材料的应用以及遥控技术、绞盘设备制造技术的不断成熟，都使得轻质气体平台低空运搬技术在气囊、缆绳等机械设备的制造上逐步具备了可行性。它可以直接利用各个领域已经成熟的先进技术，为矿山的现代化做出贡献。

（4）轻质气体平台系统在制造和实施上存在着很多难题，对于氦气而言，特别是主要原料——氦气来源困难。中国是贫氦国，现在所用的氦气基本上都是从美国进口，而本系统需要消耗大量的氦气，成本十分巨大，并且难以保证其充足的供应。对于氢气而言，主要问题是需要解决氢气在气囊中的储存和安全问题。

（5）轻质气体平台低空运搬系统应当尽量简化，尽可能降低自重。之前设计的太阳能电池板、风能利用装置等都会增加整个浮空系统的自重，从而使制造成本大幅度增加，应当减少这些装置，以获得最佳经济效益。

(6) 通过悬浮运输机的实验室模拟实验，证明悬浮运输机系统基本可行，但还需要做更深入的研究，主要是空气动力学方面的问题研究，保证气球不影响螺旋桨的升力，因此，需要对该方案做进一步的改进。

5.7.2 建议

(1) 由于国内对氦气的需求量不大，因而使得扩大氦气来源的研究工作没有获得突破性进展，应当在此方面多做工作，努力寻找氦气新的来源。在很多矿石中存在氦气，今后应当研究和探讨是否能够从这些矿石中获取氦气，作为新的氦气来源，使氦气平台低空运输技术最大的难题——原料问题得以解决。

(2) 在下一步的物理试验当中，应当进行更大比例的模拟试验以及加入抗风装置，进行室外实验。应当联合航天工业的专家和技术人员，共同解决技术上难题。其中上海达天飞艇制造有限公司表示可以合作进行大比例模拟实验，达到提重1000kg 重物的要求，大约需要投入资金 1000 万元。

(3) 轻质气体平台低空运搬技术是原始创新技术，应得到国家的重视与支持，应集成各领域先进技术，加快该技术的应用水平。轻质气体平台低空运搬技术将使露天采矿技术进入新的发展阶段，但是新事物的发展总会面临各种各样的问题，可以预见，该技术在矿山中的实际应用中将会有很多困难。我们需要集成航空、机械、自控、采矿等多方面的先进技术来发展和完善轻质气体平台低空运搬技术，相信在其应用中所遇到的困难都能够迎刃而解。轻质气体平台低空运搬技术作为一项原始创新技术，应得到国家的充分重视和大力支持，使得该技术尽快地得到应用和推广。

参 考 文 献

[1] 孙豁然，周伟，刘炜．我国金属矿采矿技术回顾与展望[J]．金属矿山，2003(10)．

[2] 焦玉书．世界采矿技术的发展与中国铁矿增产的途径[M]．沈阳：东北大学出版社，1995.

[3] 辛立中，译．苏联黑色冶金露天矿间断－连续工艺应用现状与发展[J]．国外金属矿山，1986(5～6)．

[4] 张健元．美国西雅里塔露天矿的可移式矿石破碎系统和废石运输机系统[J]．国外金属矿山，1983(3)．

[5] 李军才．我国大型露天矿间断连续运输技术现状及发展对策[C]．第三届冶金矿山采选技术进展报告会论文集，1997.

[6] 李军才，吴文忠．间断-连续运输工艺在鞍钢大矿的应用[J]．全国矿山运输、总图运输学术研讨会，1993.

[7] 赵昱东．间断-连续运输在我国冶金露天矿山的发展前景[J]．矿山技术，1989(2)．

[8] 赵昱东．间断-连续运输系统在金属露天矿的应用与发展[J]．矿业快报，2001(15)：1～5.

[9] 梁国强，文孝廉，史章良．攀钢朱兰采场陡坡铁路—公路联合运输的研究[J]．中国矿业，1997(6)：19～22.

[10] 攀枝花钢铁（集团）公司，马鞍山矿山研究院．陡坡铁路运输系统研究验收报告[R]. 2003，12.

[11] 中国矿业学院．露天采矿设计[M]．北京：煤炭工业出版社，1986.

[12] 焦玉书．金属矿山露天开采[M]．北京：冶金工业出版社，1988.

[13] 李宝祥．金属矿床露天开采[M]．北京：冶金工业出版社，1991.

[14] 王青，史维祥．采矿学[M]．北京：冶金工业出版社，2001.

[15] 陈寰．矿山运输[M]．北京：化学工业出版社，1994.

[16] 周百川．露天矿运输[M]．北京：冶金工业出版社，1994.

[17] 中国矿业学院．露天采矿手册（第3册）[M]．北京：煤炭工业出版

社，1987.

[18] 周柳霞．陡坡铁路运输在国外深凹露天矿的应用[J]．中国锰业，1997(1)：19～21.

[19] 钮维新．陡坡铁路在深凹露天矿的应用[J]．中国矿业，1999(5).

[20] 周伟．露天矿矿用汽车自驱动整车提升运输系统研究[D]．东北大学，2006，2.

[21] 虞捷．我国露天金属矿山运输系统发展方向[J]．世界采矿报，2000(7)，16(7)：23～25.

[22] C. A. 伊利英．山坡露天矿重力运输的发展[J]．国外金属矿山，1997(5)：23～26.

[23] 中国矿业学院．露天采矿手册[M]．北京：煤炭工业出版社，1988.

[24] 王青，史维祥．采矿学[M]．北京：冶金工业出版社，2011.

[25] 赵忠尧．解决冶金深凹露天矿山运输问题的某些途径[J]．中国矿业，1999(1).

[26] Л. C. 费先柯．露天矿陡坡铁路运输的应用[J]．国外金属矿山，1987(02)：17～22.

[27] 钮维新．陡坡铁路在深凹露天矿的应用[J]．中国矿业，1999，8(42)：207～211.

[28] 辛立中．论露天矿的陡坡铁路运输[J]．金属矿山，1989(07)：17～20.

[29] 严碧，廖金海．浅析陡坡铁路在朱矿应用前景[J]．中国矿业，1999，8 (48)：17～22.

[30] 巨车网 http：//www. jcccw. com/

[31] 周伟．露天矿矿用汽车自驱动整车提升运输系统研究[D]．东北大学．

[32] 周伟．露天矿矿用汽车整车提升运输工艺综述[J]．金属矿山，2006(2)：5～8.

[33] 李军才，译．采用汽车－提升机运输减少自卸汽车运输费用[J]．国外金属矿山，1999(6).

[34] E. T. 伏尔索夫等. 从工作平台输出矿石的运输—提升系统[J]. Горный журнал, 1998(2): 56~57.

[35] 于福增, 译. 露天矿运输汽车—提升装置的特性[J]. 国外金属矿山, 1983(9).

[36] A. A. 库列绍夫, 等. 露天矿用汽车自驱动提升机[J]. Горныйжурнал, 2001(1).

[37] 杨培章, 译. 从露天矿底部将载重汽车运至地面的提升机[J]. 国外金属矿山, 1994(4).

[38] 辛立中, 潘泳文, 译. 倾斜提升机在北极圈地区深露天矿运输大块矿岩的应用[J]. 国外金属矿山, 1999(1).

[39] 杨秋萍, 席德科, 张彬乾. 我国飞艇艇囊用复合材料的研制[J]. 合成纤维 Synthetic Fiber in China, 2011, 40(06): 35~37.

[40] 杨秋萍, 席德科. 飞艇技术发展现状与趋势[J]. 航空制造技术, 2010(19): 78~80.

[41] 王维相, 翁亚栋. 国外系留气球和飞艇的应用与发展[J]. 橡胶科技市场, 2007, (03): 10~13.

[42] 王维相, 翁亚栋. 系留气球和飞艇的应用与发展[J]. 世界橡胶工业, 2007, 34(10): 44~49.

[43] 李万明, 李继雄, 严涵. 我国浮空器的技术发展与标准需求[J]. 航空标准化与质量, 2007(222): 15~18.

[44] 胡书彬. 真空气球: 中国, 200710046898[P]. 2007-10-11.

[45] 郑秋燕, 王少波, 李绍波, 李本东, 王占卫. 氦气的生产方法综述[J]. 低温与特气, 2009, 27(06): 12~15.

[46] 毛寿兴. 施放气球存在的安全问题及应对策略[J]. 企业科技与发展, 2010, (02): 25~26.

冶金工业出版社部分图书推荐